TOKYO
GUEST HOUSE

도쿄 게스트 하우스

INDEX

006 **NUI. HOSTEL & BAR LOUNGE** 구라마에 (蔵前)

014 **IMANO TOKYO HOSTEL** 신주쿠 (新宿)

022 **IRORI NIHONBASHI HOSTEL AND KITCHEN** 히가시니혼바시 (東日本橋)

030 COLUMN

TOKYO GUEST HOUSE NOW!

게스트하우스의 지금

FootPrints 편집장 마에다 유카리 × HAGISO 대표 미야자키 미쓰요시

032 **HANARE** 야나카 (谷中)

040 **BUNKA HOSTEL TOKYO** 아사쿠사 (浅草)

048 **HOSTEL & COFFEE SHOP ZABUTTON** 히가시아자부 (東麻布)

054 **BOOK AND BED TOKYO** 이케부쿠로 (池袋)

060 **匣 HAKO HOSTEL AND BAR** 료고쿠 (両国)

066 **GRIDS HOSTEL + LOUNGE** 아키하바라 & 히가시니혼바시 (秋葉原 & 東日本橋)

074 **TOKYO HÜTTE** 오시아게 (押上)

082 COLUMN

처음으로 혼자 가는 게스트하우스 여행

084 **KHAOSAN TOKYO** 아사쿠사 (浅草)

094 **行燈旅館** (안도료칸) 미노와 (三ノ輪)

100 **KANGAROO HOTEL** 산야 (山谷)

106 **YOKOHAMA HOSTEL VILLAGE** 요코하마 (横浜)

112 **HAKONE TENT** 하코네 (箱根)

120 **ON THE MARKS KAWASAKI** 가와사키 (川崎)

128 전국의 주목해야할 게스트하우스

TOKYO

GUEST HOUSE

◇

introduction

여기가 진짜 도쿄? 아니면 어딘가의 외국?
이런 착각이 드는 새로운 숙박과 커뮤니케이션의 형태
몰랐던 도쿄가 여기에

게스트하우스와 도미토리라고 하면 숙박비를 줄이기 위해 '어쩔 수 없이 선택한다'는 인식은 이제 옛날이야기이다. 지금은 취소를 기다릴 정도로 인기를 얻으며 새로운 숙박의 기본으로 주목받고 있다. 그 지역에 거주하는 것 같은 즐거움과 세계 각국에서 방문한 사람들과의 다양한 만남과 자극이 있다. 숙박시설이면서 동시에 마을의 허브, 문화의 발신지, 카페와 바로써 그 존재감은 자유자재로 형태를 바꾼다. 여행을 좋아하고 옛 동네를 좋아하고 사람을 좋아하는 가치관을 가진 사람들이 자연스레 모이는 장소. 자극과 상냥함이 넘치는 마음이 따뜻해지는 공간. 그곳이 바로 TOKYO GUEST HOUSE이다.

게스트하우스의 방식을 바꾼 금자탑

Nui. HOSTEL & BAR LOUNGE

누이 호스텔 & 바 라운지

2012년 9월에 구라마에에 오픈한 이래
어느새 일본 게스트하우스를 말할 때 빼놓을 수 없는 존재가 된 Nui.
누구라도 거리낌 없이 모이는 라운지는 밤낮을 가리지 않고 북적인다

6

Nui.를 상징하는 1층의 라운지 공간.
스킵 플로어는 장난감 가게 창고였던 시절의 잔재로
공간의 좋은 악센트이다.

7

1 밤에는 바를 이용하려는 손님들로 붐빈다. 특히 주말이면 이렇게나 많다. 각자 즐거운 시간을 보낸다.
2 숙박 손님용의 부엌과 라운지 공간. 카운터 석에는 콘센트가 있어서 컴퓨터 작업도 여기에서 할 수 있다.

¶ 카페와 바를 함께 운영하는 게스트하우스가 아직 거의 없던 시절, 오래된 집을 개조한 게스트하우스에 본격적인 바를 설치하여 일약 인기를 얻은 도쿄 이리야(入谷)의 'toco(토코).' 2호점으로 2012년에 오픈한 Nui.(누이)는 장난감 가게 창고였던 6층짜리 건물을 개조한 약 100개의 침상을 갖춘 큰 게스트하우스이다. 확고한 세계관을 체험할 수 있도록 세세한 부분까지 신경 썼다. 문에 달린 장식품 하나에서도 좋은 센스가 느껴진다. 콘셉트는 '모든 경계선을 초월해서 사람들이 모이는 장소를.' 그것을 상징하는 것처럼 1층 전체를 사용하는 카페 바는 국내외의 여행자부터 동네 사람, 퇴근하는 샐러리맨, 커플 등 여러 사람으로 밤낮을 가리지 않고 붐빈다.

오픈한 계기는 무엇입니까?

ㄴ 매니저 기리무라 씨 / '모든 경계선을 초월해서 사람들이 모이는 장소를'이라는 우리의 콘셉트를 실현하기 위해서 1호점인 토코보다 크고, 좀 더 본격적인 음식과 장소를 제공하는 숙소를 만들어서 좀 더 많은 사람이 왔으면 좋겠다고 생각했습니다. 운 좋게도 이 곳을 발견해서 오픈할 수 있었습니다.

손님의 반응은 어떻습니까?

ㄴ 카페, 식사, 바 등 각각의 목적을 갖고 오는 손님이 많습니다. 8할 정도는 숙박 손님이 아니라 외부 손님입니다. 라이브 등의 이벤트를 열기도 하고, 여러 분야로 문호를 넓히면서 저희 콘셉트에 도달하기 쉬웠다고 생각합니다.

게스트하우스를 경영하면서 즐거운 일은 무엇입니까?

ㄴ 역시 손님이 다시 찾아올 때입니다. 2년 전에 들렀던 손님이 다시 찾아주면 굉장히 기쁩니다. 밤이 되면 라운지가 콘셉트대로 국적과 종교, 나이와 성별을 초월한 공간이 되는 것이 정말 즐겁습니다. 일본인만 모이는 것이 아니라 여러 그룹이 섞여서 '뭐야 여기는?'이라는 상태가 되는 경우가 년에 몇 번인가 있습니다. 무엇보다 제가 이곳을 아주 좋아해서 휴일에도 나올 정도입니다. (웃음)

일본 손님에게 조언이 있습니까?

ㄴ 취업 활동 때문에 오는 사람도 있고, 출장으로 이용하는 사람도 있고, 물론 놀러 오는 사람도 있고, 찾아오는 목적은 제각각입니다. 교류하는 것만이 전부는 아닙니다. 그저 책만 읽고 싶으면 그래도 되는 자유로운 장소입니다. 그러니까 부담 없이 이곳을 즐기길 바랍니다. 또한, 건물 내의 식물도 저희가 기르고 있고, 놓아둔 책이라든가 BGM도 전부 저희가 선택한 것이니까. 그런 세세한 점도 알아준다면 기쁩니다.

가까운 곳의 추천 장소는 어디입니까??

ㄴ 저희 말고도 이웃의 '유와에루(結わえる)'입니다. 발효한 현미가 매우 맛있습니다. 또 Bean to Bar의 초콜릿을 즐길 수 있는 '단데라이온.' 그 밖에도 갤러리와 셀렉트 숍, 카페 등 개성 있는 가게가 많이 있습니다.

앞으로 게스트하우스를 어떻게 꾸려나가고 싶은가요?

ㄴ 저희가 좀 더 즐거운 경치를 보고 싶기 때문에 새로운 점포를 열 것 같습니다.

1 숙박자용 공용 라운지에는 식사 테이블로 사용할 수 있는 큰 테이블이. 오른쪽 안쪽에는 부엌 공간이 있어서 숙박자는 자유롭게 사용할 수 있다.　**2** 플로어에서 가장 동쪽에 있는 리버 뷰 더블룸(1실 1박 8,200엔~). 문자 그대로 스미다 강을 바로 볼 수 있는 기분 좋은 공간이다.　**3** 계단에는 나가노의 게스트하우스, Worldtrek Diner & Guesthouse Pise.의 사보 씨가 촬영한 사진이 장식되어 있다.　**4** 푸드 메뉴로는 디저트도 준비. 계절 아이스크림(400엔).　**5** 라운지 중앙 바 카운터 정면에 있는 스탠딩 카운터가 특등석. 바 카운터에도 사용하고 있는 같은 참나무로 줄기가 세 개로 갈라져서 통칭 '세 갈래'라고 부른다.

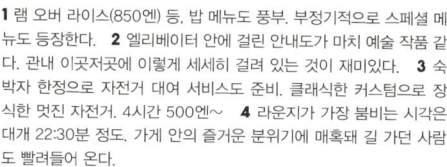

1 램 오버 라이스(850엔) 등, 밥 메뉴도 풍부. 부정기적으로 스페셜 메뉴도 등장한다. 　2 엘리베이터 안에 걸린 안내도가 마치 예술 작품 같다. 관내 이곳저곳에 이렇게 세세히 걸려 있는 것이 재미있다. 　3 숙박자 한정으로 자전거 대여 서비스도 준비. 클래식한 커스텀으로 장식한 멋진 자전거. 4시간 500엔~ 　4 라운지가 가장 붐비는 시각은 대개 22:30분 정도. 가게 안의 즐거운 분위기에 매혹돼 길 가던 사람도 빨려들어 온다.

숙박자 전용 라운지에는 자유롭게 사용할 수 있는 컴퓨터가 두 대. 도서관 공간에도 여행을 다룬 책이 많이 진열되어 있다.

2단 침대는 손으로 만든 주문 제작품. 편히 잘 수 있도록 특별한 크기로 완성했다.

D-2

각 방의 문은 미국에서 사용했던 하나뿐인 앤티크 물건으로 촉감을 내기 위해 직접 균열을 가공해서 만든 것이다.

라이브 때는 라운지 오른쪽 안의 공간이 무대가 된다. 비행기 구조 이미지의 독특한 천장이 특징이다.

데이터

Nui. HOSTEL & BAR LOUNGE

http://backpackersjapan.co.jp/nuihostel/

2-14-13, Kuramae, Taito-ku, Tokyo, 110-0051, JAPAN

TEL: 03-5362-7161

국적 비율

유럽 10%
북미 10%
중남미 5%
오세아니아 20%
아시아 35%
일본 20%

요금

도미토리: 남녀 혼합 1인 1박 3,000엔~
도미토리: 여성 전용 1인 1박 3,200엔~
개인실: 7,400엔~(2명 1실)

시설 ○ 서비스

라운지/ 부엌/ Wi-Fi / 공동 샤워(24시간)/ 샤워 편의용품/ 냉장고/
전자레인지/ 포트/ 헤어드라이어/ 옷걸이 등

유료 서비스

시간외 가방 보관(숙박 다음날 이후)/ 스키, 스노보드 보관/ 자전거 대여/
세탁기/ 목욕 수건 대여/ 귀마개/ 칫솔/ 면도기/ 슬리퍼/ 변환 플러그 등

지도

신주쿠 역 중앙동쪽 입구(中央東口)에서 도보로
약 9분, 큰 길에서 좀 들어간 골목길에 서 있
는 세련된 외관의 IMANO TOKYO HOSTEL.

TOKYO GUEST HOUSE

02

'지금의' 도쿄를 즐길 수 있는 거점

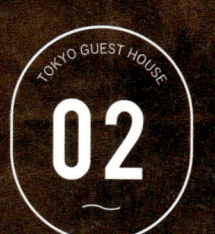

IMANO TOKYO HOSTEL CAFE&BAR

이마노 도쿄 호스텔 / 카페 & 바

세련된 디자인의 공동 공간에 1층은 카페와 바
호스텔답지 않은 서비스로 만족도가 높은 것이 인기의 비밀

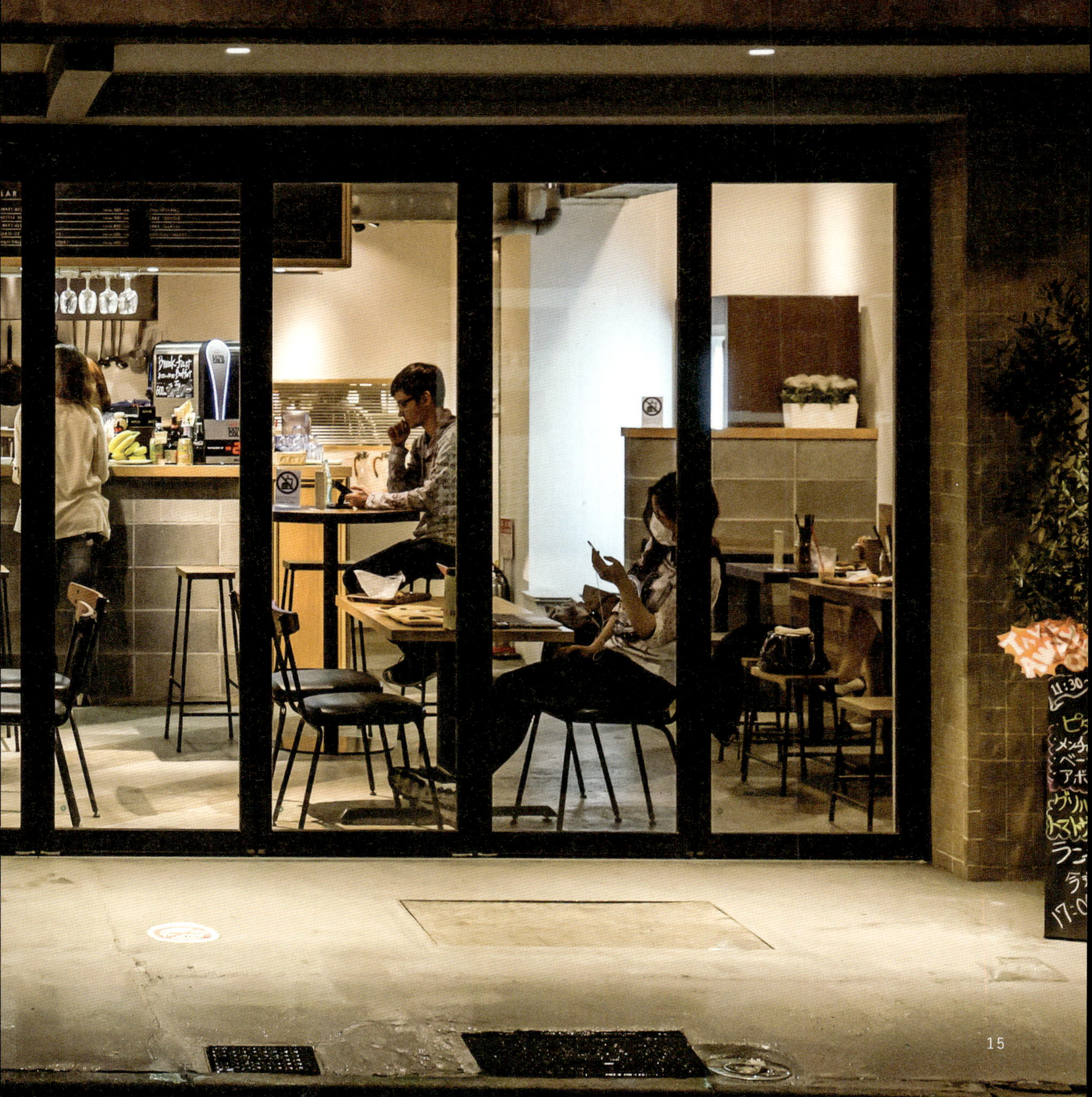

도미토리는 6, 8, 10인용의 세 가지 타입. 각각의 문에 전자 잠금장치가 있다. 통로가 넓어서 짐 정리도 편하다.

¶신주쿠. 여러 문화가 교차하는 이 거리는 최신 패션과 음식, 엔터테인먼트로 넘치고, 골든 거리 등 옛날부터 음식점 거리와 문화 시설도 많다. 어떤 의미로 혼란스러운 '지금'의 도쿄를 즐겨주시라는 콘셉트에서 탄생한 것이 IMANO TOKYO HOSTEL(이마노 도쿄 호스텔)이다. 22실, 134개의 침상이 있으며 그것을 채우는 것은 서양에서 온 여행자이다. 입지적으로도 비교적 젊은 층에 인기 있는 것에 수긍이 간다. 그 밖에도 다른 곳으로 이동하기도 좋고, 리셉션에서 동네 정보도 폭넓게 얻을 수 있다. 신주쿠뿐만 아니라 긴자와 시부야, 아사쿠사 등 광범위의 지역을 포괄한다. 지금의 사실적인 도쿄와 만나고 싶다면 이곳이 딱 알맞은 장소이다.

오픈한 계기는 무엇입니까?

ㄴ 운영본부장 인 씨 / 호스텔을 시작하면서 어떤 형태를 만들 수 있을까? 하고 생각하던 중 여행으로 도쿄에 방문한 사람들이 원하는 '알고 싶고, 먹고 싶고, 방문하고 싶다'와 관련된 정보를 제공하는 숙박시설을 만들자, 라는 생각에서 이 호스텔이 탄생했습니다. 프로 가이드를 초청해 프런트에 세우고, 스태프도 직접 여러 장소를 찾아가 경험했습니다. 깊고 사실적인 정보를 제공할 수 있도록 항상 준비합니다.

손님의 반응은 어떻습니까?

ㄴ 저희는 9할이 외국에서 온 손님입니다. 그중에서도 서양에서 온 사람이 많습니다. 여행에 익숙해서인지 목적지를 정하지 않고 계획 없이 방문하는 사람도 많으며 그런 분들이 특히 좋아합니다. 또 손님에게는 '어디에 가고 싶은가요'라는 앙케트를 실시해서 많은 지역의 정보를 알리는 것에 중점을 두고 있습니다.

게스트하우스를 경영하면서 즐거운 일은 무엇입니까?

ㄴ 스태프들도 적극적으로 손님과 교류하는 것이 즐겁습니다. 손님이 무엇을 알고 싶은지를 항상 생각합니다. 예를 들면 음식점을 추천할 때는 먹어 본 적 없는 가게는 추천하지 않는다거나, 스태프끼리 미리 가보기도 합니다. 가게 입장

에서는 역시 손님의 평가가 제일 중요합니다. 2015년에는 '부킹 닷컴'에서 상을 받아 기뻤습니다.

일본 손님에게 조언이 있습니까?

ㄴ 출장 때 호텔이 부족해서 고민하는 분도 많을 거로 생각합니다. 그럴 때 꼭 이용해 주세요. 단 호텔과는 다르다는 것을 조금 알아 주신다면 기쁘겠습니다. 물론 청결은 호텔과 비슷하므로 쾌적하게 지낼 수 있을 것입니다.

가까운 곳의 추천 장소는 어디입니까?

ㄴ 외국 손님에게는 체인 정식 가게가 뜻밖에 높은 평가를 받았습니다, 신주쿠는 어쨌든 뭐든지 있으니까요(웃음). 손님의 요구에 맞춰서 추천하고 있습니다. 그러니까 우선은 스태프에게 가볍게 말을 걸어주세요!

앞으로 게스트하우스를 어떻게 꾸려나가고 싶은가요?

ㄴ 2017년에는 도쿄에 2~3개, 교토와 오사카에도 1~2개 오픈할 예정입니다. 큰 도시뿐만 아니라 지방에도 오픈해서 사람들이 찾아오게 하면 좋겠다고 생각합니다. 점포 간에 연대해서 발신할 수 있는 정보도 늘리고 싶습니다.

1 2~4층까지 각 플로어에 공동 공간을 설치. 마음 편히 쉴 수 있는 공간을 만들기 위해 노력. 보기 드문 호스텔이다. 손님들끼리의 교류는 물론 컴퓨터를 펼치고 일을 할 수도 있다. **2** 도미토리는 2층 침대 타입. 4~5인용의 패밀리 타입 방은 안에 다다미방이 있어서 신발을 벗고 이불을 깔고 잘 수 있다. **3** 1층의 카페&바는 18시부터 바 타임. 서서 마시는 스타일로 여러 종류의 맥주와 일본주, 술집 메뉴를 즐길 수 있다. **4** 냉장고에는 일본주도, 츄하이 300엔.

층마다 벽색과 인테리어가 다른 것이
재미있다. 여러 사람이 사용할 수 있는
둥근 테이블과 혼자서도 편히 쉴 수 있
는 소파가 있다.

1층은 리셉션(좌)과 카페&바의 카운터(우)가
나란히 있다. 조식은 아침 8시부터 이곳에서
먹을 수 있다.

남녀가 분리된 세면대도 있어서 여성에게 인기이다. 인테리어는 흰색을 기본으로 해서 청결한 디자인이 인상적이다.

카페 타임에는 런치 메뉴도 있다. 이것은 아보카도와 새우 칠리 마요네즈 피타 샌드위치(500엔. 드링크 세트 800엔).

2인용 개인실(1실 10,000엔~)도 있다. 사생활을 보호하고 싶은 사람은 이쪽을 추천. 일본식이지만 모던한 분위기가 좋다.

부페 형식의 조식(600엔) 8시~10시 사이. 소시지와 스크램블 에그, 시리얼과 그래놀라 등이 있다.

코인 세탁기도 물론 완비. 24시간 사용할 수 있으므로 오래 머물거나 늦게 돌아왔을 때도 사용할 수 있다.

PRIVATE

IMANO TOKYO HOSTEL
http://imano-tokyo.jp/ja/
5-12-2, Shinjuku, Shinjuku-ku, Tokyo, 160-0022, JAPAN
TEL: 03-5362-7161

지도

국적 비율

유럽 25%
북미, 중남미 25%
오세아니아 8%
아시아 30%
일본 10%
기타 2%

요금

도미토리: 1인 1박 3,500엔~
도미토리: 여성 전용 1인 1박 3,800엔~
개인실: 10,400엔~(2명 1실)
패밀리룸: 20,000엔~(5명 1실)

시설ㅇ서비스

라운지/ Wi-Fi / 공동 샤워(24시간)/ 샤워 편의용품/ 냉장고/ 전자레인지/ 포트/
헤어드라이어/ 옷걸이/ 1회용 슬리퍼/ 귀중품 보관 박스

유료 서비스

시간외 가방 보관(숙박 다음날 이후)/ 스키, 스노보드 보관/ 세탁기/ 목욕 수건 대여/
귀마개/ 칫솔/ 면도기 등

03

도쿄와 지방을 연결하는 문화의 발신 기지

IRORI NIHONBASHI HOSTEL AND KITCHEN

이로리 니혼바시 호스텔 & 키친

옛날부터 지방의 것이 모이는 지역이었던 니혼바시
이벤트와 음식을 통해 지방의 매력을 발신하는 허브 역할을 담당

1층 부엌&라운지의 안쪽 공간에는 고지도가 벽한 면을 장식하고 있다. 소파가 있어 손님과 동네 주민이 편히 쉴 수 있다.

7층의 리빙 공간은 책상과 의자만 있는 단순한 공간으로 컴퓨터로 일하거나 책을 읽기에 딱 맞는 장소이다.

¶ 니혼바시, 바쿠로요코야마에 2015년 10월에 오픈한 IRORI(이로리)는 이전부터 니혼바시가 지방과 에도를 연결하는 거점이었던 것처럼, 지방과 도쿄를 연결하는 가교가 되어 지역의 매력을 전하는 호스텔로 탄생했다. 콘셉트를 실현하듯이 침대는 시만토의 솎아낸 재목을 사용하고, 칸막이로 사용한 포렴 염색은 간다 직인에 부탁한 특별 주문 제작품(요코야마쵸와 바쿠로쵸의 번영에 포렴을 빠뜨릴 수 없다는 지역의 법칙을 따라서)이다. 1층 라운지에서는 지역 술과 함께 산지에서 온 건어물 포를 화로에서 구워 먹으며. 일본과 세계에서 찾아오는 여행객들이 이로리를 둘러싸고 앉아 커뮤니케이션하는 모습도 볼 수 있다. 이벤트도 부정기적으로 열고 있으므로 보통은 얻기 힘든 지방의 정보도 얻을 수 있다.

오픈한 계기는 무엇입니까?

∟ **R.project 나카오 씨** / 사실은 지방의 놀고 있는 땅을 재생하는 사업을 주로 하는 회사가 모체입니다. 10년 정도 스포츠와 연수 합숙 시설을 운영하던 중에 지방에서만 알고 있기 아까운 장소가 잔뜩 있으니까 지방과 도쿄를 연결하는 허브가 되는 장소가 있으면 좋겠다는 생각에서 시작했습니다. 어떻게 하면 지방과 여행객을 연결할 수 있을까 생각하던 중에 이로리(일본 전통 가옥의 마루 한가운데를 사각형으로 잘라내 불을 피울 수 있게 만든 구조물)가 좋지 않나 하는 아이디어가 생각나서 지금의 형태가 되었습니다.

손님의 반응은 어떻습니까?

∟ 일본 손님은 저희 콘셉트에 흥미를 갖고 공감해서, 어떤 장소인지 미리 알고 오는 분이 많습니다. 이벤트에 참가하고 싶거나 이로리를 둘러싸고 앉아 여러 사람과 교류하고 싶다는 분이 상당히 많습니다. 외국 손님은 예약 사이트에서 입지와 가격으로 선택하는 분이 많지만, 그런 분들도 '단지 호스텔이라고 생각했는데 일본의 문화 체험을 할 수 있는 장소였다니' 하면서 기뻐합니다.

게스트하우스를 경영하면서 즐거운 일은 무엇입니까?

∟ 취업 활동 중인 학생과 휴가로 오는 사회인이 대화를 나누고, 거기에 외국 손님도 섞이면 그게 바로 여행지의 만남이라고 생각합니다. 그런 것을 보고 있으면 기쁩니다. 좀 더 빈도가 높아지거나 많은 휘말림이 생겨나면 좋겠습니다.

일본 손님에게 조언이 있습니까?

∟ 외국인은 물론 일본인도 창조적인 사람부터 비즈니스맨, 동네 주민까지 다양한 사람이 모이므로 그들과 함께 이로리에 둘러앉아 교류를 즐겨주세요. 또 지방의 매력을 체험할 수 있는 이벤트도 열고 있으므로 그쪽도 꼭 참가해 주세요.

가까운 곳의 추천 장소는 어디입니까?

∟ 15분 정도 걸으면 무엇이든 있으므로 취향이 어떤지, 아직 먹지 않은 것이 있는지, 손님의 요구에 맞춰서 추천하고 있습니다. 닌교마치까지 걸으면 오래된 가게가 잔뜩 있습니다. 스태프도 모두 좋아하는 돈가스 가게 '이모야(いもや)'라든가 우동 가게 '시나노(志な乃)'도 맛있습니다.

앞으로 게스트하우스를 어떻게 꾸려나가고 싶은가요?

∟ 이벤트를 좀 더 늘리고 싶습니다. 사람과 사람의 교류를 늘려서 지방의 매력을 전하고 싶습니다.

1 포렴으로 칸을 나눈 세미 더블룸(3,300엔~). 사생활을 보호하면서 완전한 객실은 아니므로 가격이 합리적이다. **2** 이로리는 미야기 현의 민가에서 사용하던 것. 2개가 있어서 아침 식사의 건어물 포는 이로리에 구워 먹는다. **3** 주 1회, 가게에서 하는 커피숍 하치조우. 붉은 콩을 핸드 드립으로 내린 스페셜티 커피를 합리적인 가격으로 즐길 수 있다. 부정기 개최이므로 만난다면 럭키. **4** 층마다 다른 조명이 달려 있다. 모두 일본에서 만든 것을 사용하고 있다.

1 7층 리빙에도 부엌이 있어서 자유롭게 사용할 수 있다. 큰 냉장고가 준비되어 있어 좋다. **2** 아무렇지도 않게 놓여 있는 벤치도 센스가 좋아서 눈에 띈다. 인테리어는 흰색을 기본으로 해서 밝고 상쾌한 분위기이다. **3** 본격적인 바비큐 체험을 지원하는 서비스 'REAL BBQ PARK'를 예약하면 옥상 테라스에서 바비큐도 즐길 수 있다.

3

2단 침대가 나란히 늘어선 층.
칸막이로 사용한 두꺼운 천
의 포럼은 입구를 마크 위치
로 표시한 특별 주문 제작 디
자인이다.

침대는 시만토의 삼림을 지키
는 활동을 하는 히노키카구에
제작을 의뢰한 것. 가운데에
는 짐을 넣을 공간도 있어서
느긋하게 잘 수 있다.

프런트 벽에는 오늘의 건어물 또는 어디의 것
인지, 술은 어디에서 만들었는지 각각의 산지
가 일목요연하게 적혀 있다.

IRORI NIHONBASHI HOSTEL and KITCHEN
http://irorihostel.com
5-13, Nihonbashiyokoyamacho, Chuo-ku, Tokyo, 103-0003, JAPAN
TEL: 03-6661-0351

지도

국적 비율

유럽 20%
북미 10%
중남미 2.5%
오세아니아 2.5%
아시아 30%
일본 35%

요금

도미토리: 남녀 혼합 1인 1박 2,800엔~
도미토리: 여성 전용 1인 1박 3,000엔~
개인실: 3,300엔(세미더블)

시설ㅇ서비스

라운지/ 부엌/ Wi-Fi / 공동 샤워(24시간)/ 샤워 편의용품/ 냉장고/
전자레인지/ 포트/ 헤어드라이어/ 옷걸이/ 귀마개

유료 서비스

시간외 가방 보관(숙박 다음날 이후)/ 자전거 대여/ 세탁기/
목욕 수건 대여/ 칫솔/ 슬리퍼 등

대담 도쿄 게스트하우스의 핵심 인물
TOKYO GUEST HOUSE NOW!
게스트하우스의 지금

FootPrints 편집장 마에다 씨와 hanare를 운영하는 HAGISO 대표 미야자키 씨의 대담을 진행했습니다.

탄생 비화와 현재 동네와 관계를 맺으면서 겪었던 게스트하우스의 생생한 지금 상황을 파헤쳐 봤습니다.

・**FootPrints 편집장 마에다 유카리 씨** 사람과 동네의 생각을 전하는 프리라이터로 잡지 등에서 활약하면서 사랑이 깊어져 게스트하우스 소개 사이트 FootPrints를 만들었다. 지금까지 국내의 100곳 이상을 묵으러 다녔다(좌).
・**건축가/ HAGISO 대표 미야자키 미쓰요시 씨** / 도쿄예술대학대학원 미술연구과 건축설계를 수료한 후 이소자키 신야틀리에를 거쳐 HAGI STUDIO를 설립. 문화복합시설 'HAGISO'의 대표로 일하면서 건축과 제품 디자인을 하고 있다(우).

계기는 '건물의 장례식' 미래가 보이는 사람은 할 수밖에 없다

마에다 씨/이하, **마에다** 미야자키 씨는 hanare라는 게스트하우스를 운영하고 있는데 묵는 쪽에서 직접 숙소를 운영하는 쪽으로 방향을 전환한 계기는 무엇인가요?

미야자키 씨/이하, **미야자키** 그건요, 제 경우는 처음부터 숙소가 하고 싶었던 것은 아닙니다. HAGISO에는 카페도 있는데 특별히 그것도 하고 싶었던 건 아닙니다(웃음). 뭐라고 할까요, 저는 건축 설계가 본업이라서 장소를 만든다는 것이 동기가 되었습니다.

마에다 이곳도 원래는 '하기쇼'라는 공동 아파트로 미야자키 씨도 살던 곳이죠?

미야자키 그렇습니다. 어차피 부술 예정이니까 직접 벽을 부수고 방을 연결해서 살았습니다. 항상 여러 사람이 뒤섞인 장소였습니다. 그러나 3.11 지진을 계기로 슬슬 부수자는 이야기가 나왔습니다. 단 갑자기 사라지는 건 슬프니까 건물의 장례식을 기획했습니다.

마에다 건물의 장례식입니까?

미야자키 단지 향만 올리는 것만이 아니라 모두 함께 조의를 표할 수 있게 축제 같은 이벤트를 3주간 했습니다. 그러자 어느새 1,500명 정도가 다녀갔습니다. 마지막 날 파티에는 집 주인도 불러서 사람들로 집이 꽉 찬 상태였습니다.

마에다 그건 엄청난 소동이었겠네요(웃음).

미야자키 평소라면 시끄럽다고 그만뒀겠지만, 주인도 사람들의 열기가 느껴지고 미래가 보였겠죠. 그것이 계기가 되어 부수지 않고 재건축하게 되었습니다. 그리고 설계를 누구에게 맡길까 생각하는 중에 제가 맡게 되었습니다(웃음).

마에다 그렇게 완성된 것이 HAGISO지요. 처음부터 숙소 계획도 있었습니까?

미야자키 숙소의 구상은 HAGISO를 시작하기 직전, 한동안 여행을 가지 못해서 로마에 갔습니다. 그때 마을에서 가장 싼 호텔을 찾아 묵었는데 일반 맨션의 한 방을 리셉션으로 사용하고 있었습니다. 방은 어디냐고 묻자 한 번 밖으로 나가서 몇 블록 떨어진 곳의 맨션의 한 방이었습니다. 아침도 정해진 장소에서 먹는 것이 아니라 아침은 저곳이 좋고, 밤이면 이쪽, 이렇게 일단 가르쳐 줍니다. 그러면 자연히 동네 사람들과 섞여 커피를 마시고 피자를 먹는 상황이 됩니다. 동네에 기생하는

호텔을 만들자는 발상이 재미있겠다는 생각이 들었습니다. 야나카에서도 할 수 있지 않을까 하는 생각으로 건물을 발견한 것이 일 년 반 정도 전입니다.

마에다 여러 게스트하우스를 보러 다니는 입장에서 보면 그 동네의 안내를 해주는 숙소는 많이 있지만, hanare처럼 물리적으로 떨어져 있는 것은 드뭅니다. 체크인한 후 동네를 걸어서 숙소로 가야 하고, 아침을 먹기 위해 카페까지 걸어가야 합니다. 여러 곳에 분리되어 있는 것은 지금까지 그다지 없었던 예 같습니다.

미야자키 숙소 자체가 분산되어 있어서 숙소가 주변 동네의 요소와 같아진다고 생각합니다. 잠과 아침 이외는 동네에서 담당하고 있습니다. 목욕탕 티켓도 숙박료에 포함되어 있어서 저희 대욕탕은 대중목욕탕이라고 자주 말합니다.

마에다 여러 가지로 이 방법을 응용할 수 있을 것 같습니다. 게스트하우스를 시작하려고 생각할 때 '100평 미만의 벽'에 부딪히지 않습니까? 게스트하우스에서는 숙박만 책임지고 다른 것을 밖으로 분산시키면 경영적으로 100평 이하라도 좀 더 높은 이득을 노릴 수 있을 거 같습니다.

미야자키 사실은 숙박 동이 몇 개 있고 한 곳에서 관리하는 것이 가장 좋지만, 도

오리지널 지도에는 음식점 이외에도 신사 위치도 표기했다.

HAGISO의 입구. 리셉션과 연결된 계단 옆에는 '하기쇼(萩荘)'였던 시절의 이름이 있다.

쿄의 현행법으로는 불가능합니다. 지금으로써는 건물에 항상 사람이 있어야 합니다. 한 세대의 정원이 딸린 주택이 있고 맨션의 방 하나가 이상적입니다.

마에다 캠프장의 간이 숙소 같은 형태로 유지할 수 있다면 좋겠네요.

미야자키 그렇습니다. 그런 의미로 이탈리아는 발전되어 있습니다. 알베르고 디후조라는 시스템이 있습니다. 알베르고는 '호텔', 디후조는 '분산했다'라는 의미입니다. 예를 들면 토스카나 지방은 옛날에는 주민이 줄어 빈집뿐이었지만 동네의 맛있는 레스토랑에 리셉션을 두고 예쁜 빈집을 소개했습니다. 저희는 도시에서 하고 있지만, 일본에서도 지방에서는 가능할 거로 생각합니다. 여관업법은 자치제의 조례에 기반을 두니까 일본에서도 가능한 곳이 있지 않을까요. 반대로 지금 도쿄는 민박 문제에 엄격하니까 우리는 그 안에서 할 수 있는 것을 모색하면서 하고 있습니다.

마에다 또 생각나는 것은 게스트하우스에 가면 동네의 정보를 가르쳐주는 것 자체를 잘 모르는 손님이 아직 많은데, hanare는 동네에서 즐길 수 있는 것들을 홈페이지에서 쉽게 알려준다고 생각합니다.

미야자키 그런 의미로 리셉션에의 정보 제공에 상당히 무게를 주고 있습니다. 어디든 하고 있다고 생각하지만 오리지널 지도를 만들어서 앞은 낮의 걷기용, 뒤는 밤의 음주용이라는 형태로 만들었습니다. 목욕탕도 걸어갈 수 있는 곳이 5~6곳 있어서 이곳의 목욕탕은 얼마나 뜨거운가 같은 정보를 실은 목욕탕 리스트도 만들고 싶습니다. 손님이 이 목욕탕에 가고 싶다면, 그럼 돌아올 때는 여기에서 맥주 한잔을 마시면 좋아요 같은 것을요. 갔다 오는 것만이 아니라 어딘가에 들려서 지역을 즐기길 바랍니다. 물론 다른 곳에 가지 말라는 것은 아니고 이 동네에서만 볼 수 있는 곳도 많으니 그것을 1~2일 동안 즐겨주십사 하고 제안하는 것입니다. 가능한 스태프도 많은 가게에 가려고 합니다. 개인적으로 추천하는 곳도 있습니다(웃음).

마에다 확실히 스태프들이 장소를 추천하는 것은 업계의 화제입니다. 그것은 그것대로 재미있습니다. 왜냐하면 스태프와의 공감대가 높으면 그 사람이 추천하는 곳이 자기와 딱 맞을 가능성이 크니까요. 그런 것이 재미있다고 생각합니다.

미야자키 앞으로는 리셉션이라는 장소가 미디어 같은 작용을 담당해야 한다고 생각합니다. 우리가 하고 있는 것은 이른바 동네의 편집자 같은 것으로 동네에 있는 모든 가게를 소개하는 것이 아니라 우리가 좋다고 생각하는 가게만을 소개합니다. 그러면 hanare다운 필터를 통한 시점을 제안할 수 있어 지금까지 야나카를 즐겼던 방법과는 다른 즐거움이 생겨날 거로 생각합니다.

마에다 그렇게 즐기는 방법이 몇 가지 있으면 관광지에 흔히 있는 동네 자체가 소비되어 진이 빠지는 일도 없어지겠네요.

미야자키 그 점을 노리고 있습니다. 또 지역 사람들이 hanare를 게스트룸으로 사용하길 바랍니다. 예를 들면 친척과 친구가 지방에서 놀러 왔을 때 집에서 재우는 것이 어려운데, 그때 hanare에서 묵길 바랍니다. 소개자에게는 아침을 무료로 제공하여 함께 아침을 먹을 수 있습니다. 그러면 서로 어색한 일도 없고 이 동네가 좋다고 생각할 것입니다. 이곳에 사는 사람도 동네의 장점을 깨닫고 지키고 싶다는 의식이 싹틀지도 모릅니다. 그것이 우리가 사는 이 동네의 모습을 지키는 것과도 연결된다고 생각합니다

편집자 주/100평 미만의 벽이란 민가를 개축해서 게스트하우스를 만들고 싶은 경우 건축기준법에서는 건축물의 용도 변경 신청이 필요하다. 상당한 수고와 돈이 필요하므로 면적이 100평 미만은 신청이 필요하지 않아서 그런 건물을 찾는 경우가 많다.

숙박 건물은 리셉션에서 도보로 1분 정도. 거리 안에 좁은 골목길을 따라가다 보면 보인다. 포렴이 걸려 있는 미닫이와 로고 가 눈에 띈다.

04

거리 전체를 호텔로 가정한 숙소

HANARE

하나레

숙박 건물이 독립하여 '떨어져(離れ, 하나레)'있는 hanare
식사부터 목욕까지, 거리의 가게와 밀착된 숙박 체험이 신선하다

1 리셉션은 문화복합시설 HAGISO의 2층. 체크인할 때 웰컴 음료수와 함께 동네에 관한 설명을 해준다.
2 공동주택이었던 낡은 아파트를 개축해서 만든 숙박 건물. 일반 주택이 늘어서 있는 조용한 지역에 있어서 밤에는 아주 조용하다.

¶옛날에 좋았던 시대의 번화가 정서가 남아 있는 야나카 지역에 있는 hanare(하나레). 리셉션과 숙박 건물이 떨어진 장소에 있으며 그밖에 쓸데없는 설비는 준비되어 있지 않다. 왜냐하면, 이곳의 콘셉트는 '거리 전체를 하나의 큰 호텔로 본다'이기 때문이다. 예를 들면, 호텔 레스토랑＝거리의 맛있는 음식점, 욕실＝대중목욕탕이라는 것이다. 하나의 건물 안에서 모두 해결하는 것이 아니라 지역과 하나가 됨으로써 손님은 마치 그 거리의 주민이 된 것 같은 숙박 체험을 할 수 있다.

현지인과 같은 장소에서 같은 시간을 공유하는 것은 여행의 묘미 중 하나라고 할 수 있으며, 이런 이상적인 체류 형태를 실현한 것이 hanare이다. 외국 여행자뿐만 아니라 일본인이 묵어도 신선한 여행이 될 것이다.

오픈한 계기는 무엇입니까?

ㄴ HAGISO 대표 미야자키 씨 / 카페와 갤러리 공간, 아틀리에가 있는 HAGISO를 오픈한 것은 2013년입니다. 운영하다 보니 이곳을 중심으로 무언가 동네를 활용할 수 있는 것은 없을까 하고 찾던 것이 계기입니다. '거리 전체를 하나의 큰 호텔로 본다'라는 콘셉트 자체는 이탈리아 여행의 체험이 바탕입니다. 평범한 맨션 방이 리셉션이고 머무르는 방은 2블록 떨어진 동네 사람이 사는 맨션의 하나, 이런 호텔에 머문 적이 있습니다. 조사해보니 그것과 비슷한 구조의 알베르고 디후조라는 지역 재생 계획이라는 게 이었습니다. 이것을 일본에서 해보면 재미있을 것 같았습니다.

손님의 반응은 어떻습니까?

ㄴ 이른바 호스텔과 비교하면 그렇게 가격이 싸지 않으므로 이곳에 자러 오는 시점에서 뭔가를 원해서 오는 사람이라고 생각합니다. 그래서 그런 사람들은 매우 기뻐합니다. 여기에만 있는 것을 보고 싶다는 요구에는 응하고 있다고 생각합니다.

게스트하우스를 경영하면서 즐거운 일은 무엇입니까?

ㄴ 이 프로젝트 자체가 어떤 종류의 편집 작업이라고 생각해서 동네에 있는 것들을 어떻게 연결할지 생각하는 것이 즐겁습니다. 마을이 변하는 것뿐만 아니라, 시점을 바꿈으로써 가치관이 변해갑니다.

일본 손님에게 조언이 있습니까?

ㄴ 마을에 2일 정도 머무르며 젖어 들면 좋겠다고 생각합니다. 자세히 살펴보면 사실 굉장히 볼만한 곳이 많은 동네로 재미있는 가게가 많습니다. 목욕탕에 간다면 돌아오는 길에 동네 술집에서 맥주 한잔한다든가, 어슬렁어슬렁 걸으며 차를 한잔한다든가. 느긋하게 보내면 좋은 점을 알 수 있습니다.

가까운 곳의 추천 장소는 어디입니까?

ㄴ 그것을 정리한 오리지널 지도를 체크인 때 전달하고 있습니다. '미사키(みさき)'라는 동네 술집이라든가, 저희가 자주 가는 가게도 실려 있습니다. 또 목욕탕은 요금이 숙박비에 포함되어 있으므로 좋아하는 곳으로 가면 됩니다. 각각 개성이 있어서 재미있습니다.

앞으로 게스트하우스를 어떻게 꾸려나가고 싶은가요?

ㄴ 좀 더 거래 가게를 늘리고 싶습니다. 네트워크 같은 것이 생겨서 새로운 야나카의 즐거움을 제공할 수 있다면 마을에 깊이가 생길 거로 생각합니다.

1 숙박 건물의 신발장은 공동주택이었을 때 사용하던 것을 그대로 사용. 내공이 대단해서 분위기를 살려준다.　**2** HAGISO의 입구. 들어가서 바로 직진하면 카페와 갤러리. 이 계단을 오르면 숍 안에 hanare의 리셉션이 있다.　**3** 숍에는 HAGISO와 관계 있는 아티스트의 작품이 진열되어 있다. 도기부터 액세서리, 가방 등 라인업이 풍부하다.　**4** 방에 준비된 오동 찬합 안에는 편의용품이 있다. 일기장과 오리지널 수건 등이 센스 좋게 정리되어 있다.

1 숙박 건물에 들어서면 훤히 트여 있는 천장에 압도당한다. 천장이 높고 기존의 기둥을 살려 만들었다. 계단도 그 당시의 것이다.　2 2층 '빛의 사이'. 방 이름은 불투명 유리 모양에서 따왔다. 1실 1명 13,000엔~(조식, 목욕탕 티켓 포함)

HAGISO의 외관. 기와지붕이 인상적이다. 원래는 학생 아파트로 사용하던 것을 개보수했다.

체크인 시에 받을 수 있는 오리지널 지도. 앞에는 낮, 뒤는 밤에 추천하는 장소를 표시한 점이 재미있다.

카페는 식물이 있어 마음이 편해지는 테라스 자리를 이용할 수 있다. 담이 높아서 도로에서 보이지 않아 느긋하게 시간을 보낼 수 있다.

자전거 대여는 제휴하고 있는 tokyobike에서 싸게 빌릴 수 있다. 예약도 가능. 2,000엔/1일(10~19시)

DATA
tokyobike rentals
도쿄도 다이토구 야나카 6-3-12
TEL: 03-3827-4819

HAGI CAFE에는 동네 사람부터 관광객까지 여러 사람이 모인다. 숙박 손님 조식도 이곳에서. 영업시간은 8:00~21:00.

데이터

hanare
http://hanare.hagiso.co.jp
HAGISO, 3-10-25, Yanaka, Taito-ku, Tokyo, 110-0001, JAPAN
TEL: 03-5834-7301

국적 비율

유럽 20%
북미 10%
중남미 0%
오세아니아 10%
아시아 10%
일본 50%

요금

객실: 13,000엔~(1인 1실, 조식, 목욕탕 티켓 포함)
17,300엔~(2인 1실, 조식, 목욕탕 티켓 포함)

시설○서비스

조식/ 목욕탕 티켓/ Wi-Fi/ 공동 샤워/ 샤워 편의용품/ 수건/
헤어드라이어/ 옷걸이/ 슬리퍼 등

유료 서비스

시간외 가방 보관(숙박 다음날 이후)/ 자전거 대여/ 단소 등

지도

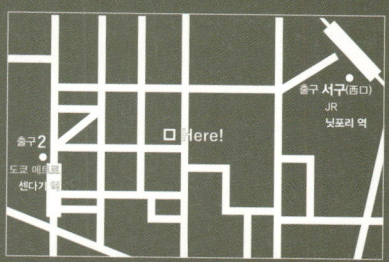

TOKYO GUEST HOUSE

05

에도문화가 느껴지는 아사쿠사의 신거점

BUNKA HOSTEL TOKYO

분카 호스텔 도쿄

도쿄 관광의 핵심, 아사쿠사 중심부라는 뛰어난 입지에서 탄생한 현재 일본 문화를 나타내는 새로운 호스텔

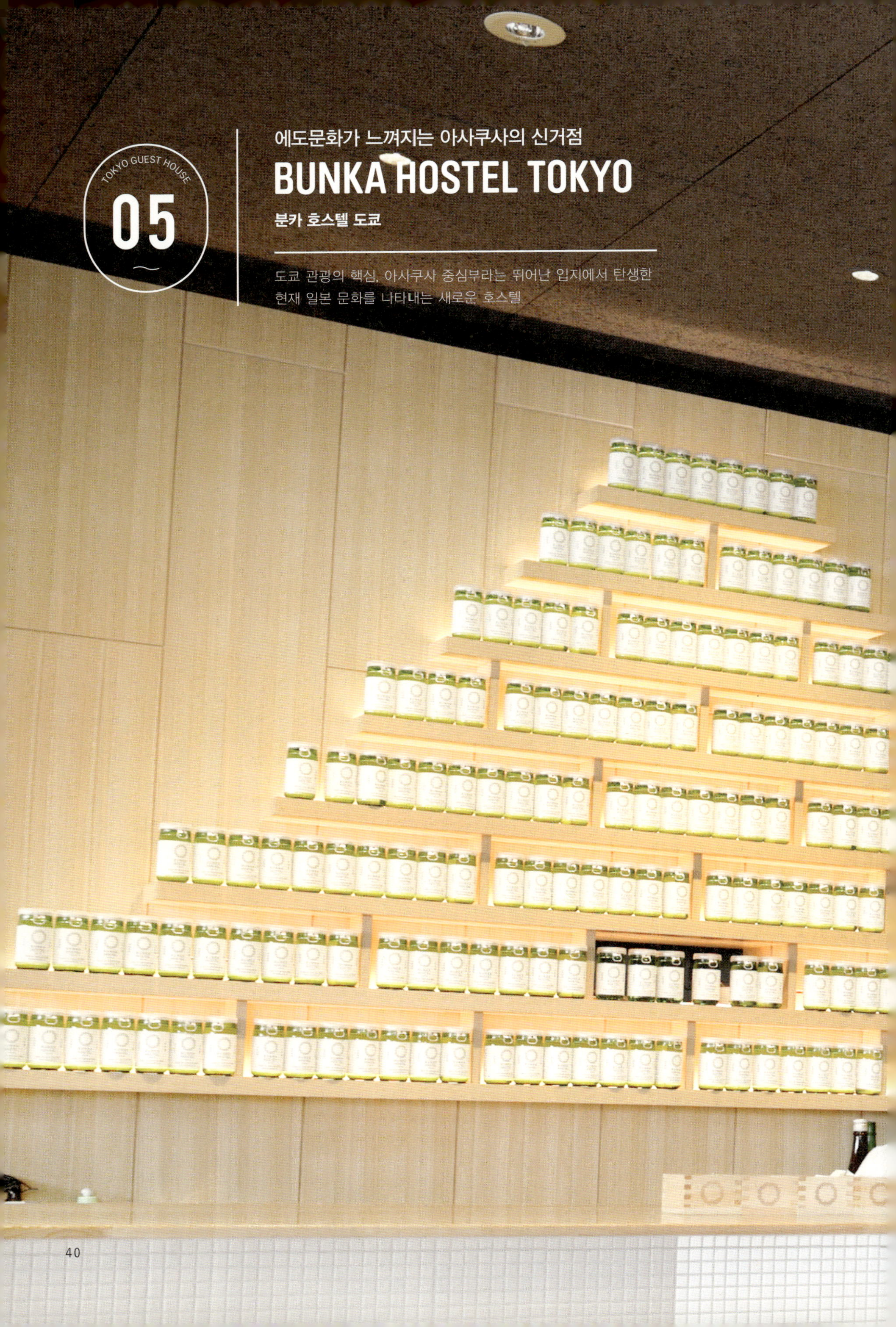

후지 산처럼 벽 한 면에 쌓아 올린
것은 오리지널 컵 술. 밤에 불을 켜
면 더욱 아름답다.

바 카운터와 하나가 된 리셉션. 국내외 관광객이 끊임없이 찾아온다. 단순하면서 깨끗한 점이 인상적이다.

¶ 가미나리몬과 아사쿠사 절까지 불과 5분. 도쿄 여행의 거점으로써 더할 나위 없이 좋은 장소에 BUNKA HOSTEL TOKYO(분카 호스텔 도쿄)가 오픈한 것은 2015년 12월이다. 네온 사인과 흰 타일을 붙인 벽, 그리고 1층에 장식된 커다란 연등의 대조는 상당히 인상적이라서 지나가는 관광객도 흥미로운 시선을 보낸다. 이 호스텔은 전통문화와 전통기술에 조예가 깊은 아티스트 다카하시 마리코 씨와의 공동작업으로 완성했다. 현대적이면서도 에도 정서가 남은 이 지역의 분위기가 잘 녹아 있다. 개방적인 1층에서는 '술집 BUNKA'를 운영 중이다. 계절에 맞는 식재료를 사용한 메뉴를 준비하고, 카운터에는 '안주'를 진열하는 등 음식에도 신경 쓰고 있다. 또한, 일본 전국에서 가져온 일본주의 라인업도 훌륭하다. 그저 묵는 것이 아니라 일본 식문화의 한 면도 맛볼 수 있어서 기쁘다.

오픈한 계기는 무엇입니까?

ㄴ **지배인 우라 씨** / 이 자리에 있던 30년 된 상업 빌딩을 보수하는 것부터 시작했습니다. 원래 1층은 파친코 오락장, 2층 이상은 숙박 시설이었는데 지역과 상점가의 활성화에 연결되는 호스텔로 새롭게 오픈했습니다. 아사쿠사는 역사적인 동네이므로 일본문화를 원하는 외국 손님이 많았지만 예부터 너무 일본다운 것에 얽매이지는 않았습니다. 현재 일본의 장점은 세련된 분위기 속에 있는 '안심감'과 '청결감' 등이라고 생각합니다. 물론 정중하고 마음을 다한 접객도 이 안에 포함됩니다. 외국 손님은 물론 일본인도 이 장점을 누리길 바랍니다.

손님의 반응은 어떻습니까?

ㄴ 개업한 지 1년이 지나지 않았지만, 이미 폭넓은 분들이 이용하고 있습니다. 특히 1층의 '술집 BUNKA'와 객실 디자인은 외국 손님에게 평판이 좋고, '청결하다'라든가 '단순한 디자인이 멋지다'라는 칭찬을 받고 있습니다. 좀 뜻밖이었던 것은 외국의 유스호스텔에 익숙한 분만이 아니라 출장으로 온 일본인도 호평하는 점입니다. 이미 몇 번이나 묵은 분도 있습니다.

게스트하우스를 경영하면서 즐거운 일은 무엇입니까?

ㄴ 여러 나라에서 오는 손님들을 알게 되는 것은 저에게 큰 보람입니다. 제가 배낭을 메고 세계 여행을 한 적이 있는데 그 당시의 경험을 살려 손님들이 편안하게 지낼 수 있도록 배려하고 있습니다. 우리의 접객은 무척 친절합니다. 손님과 사이가 좋아져서 페이스북과 인스타그램 등으로 연락하는 직원도 있을 정도니까요. (웃음)

일본 손님에게 조언이 있습니까?

ㄴ 예약 전에 시설 내용을 확실히 확인하는 것이 좋습니다. 샤워와 화장실은 공동이고, 편의용품도 호텔과는 다릅니다. 여성 전용층을 마련하는 등 호스텔이지만 사생활도 배려하고 있으므로 그 부분을 이해한다면 즐겁게 머무를 수 있을 것입니다.

앞으로 게스트하우스를 어떻게 꾸려나가고 싶은가요?

ㄴ 아사쿠사는 관광 거리이자 동시에 외국에서 오기 좋은 장소입니다. 나리타공항까지 70분, 하네다공항까지는 불과 50분이면 갈 수 있으니까요. 앞으로는 좀 더 외국 손님과 지역 주민이 모여 교류할 수 있는 곳이 되어 행사나 이벤트도 열고 싶습니다.

1 일본의 식문화를 즐길 수 있게 계절에 따라 메뉴를 변경. 제철 식재료를 사용한 요리를 제공한다. 냄비 요리는 1인분부터 주문할 수 있어서 혼자 여행하는 배낭여행자에게도 좋다.　　**2** 세면대 수는 10개를 준비하고 있으므로 아침에도 혼잡하지 않다.　　**3** '술집 BUNKA'의 인상적인 오브제가 된 컵 술은 판매도 한다(테이크아웃은 불가능). 아티스트 다카하시 마리코 씨가 디자인한 로고 마크가 인상적이다.　　**4** 에도문화가 느껴지는 갈퀴를 장식.　　**5** 저녁 시간이 되면 바 카운터에는 '안주'를 진열한다. 작은 접시로 소량씩 주문할 수 있어서 좋다. 지금은 줄어든 가정식 식당의 장점을 도입했다.

낮에는 카페로 영업하는 '술집 BUNKA'
낮에는 숙박하는 손님 말고도 일반 손님
으로 붐빈다.

인테리어는 전체적으로 단순하고 깨끗
한 인상. 전망이 좋은 7층에는 그룹 전
용의 패밀리룸과 공유 다이닝이 있다.

체크인을 끝내고 '술집 BUNKA'에서 행
동 계획을 정리하는 손님들. 이런 장면
을 보는 것만으로도 *여행을 떠난 감동
이 밀려온다.

오리지널 디자인의 2단 침대. 머리 위치
가 서로 다르게 오도록 설치해서 쾌적하
게 잘 수 있어 호평받고 있다. 전용 독서
등과 콘센트도 있다.

니가타의 유키오, 사이타마의 하나아비
등 전국 각지에서 골라온 일본주 라인업
도 호평이다. 오리지널 일본주는 니가타
의 기타유키주조의 것이다.

데이터

BUNKA HOSTEL TOKYO
http://bunkahostel.jp
1-13-5, Asakusa, Taito-ku, Tokyo, 111-003, JAPAN
TEL: 03-5806-3444

지도

국적 비율

유럽 20%
북미 10%
중남미 5%
아시아 40%
일본 20%

요금

도미토리(2단 침대): 남녀 혼합 1인 1박 3,000엔~
도미토리(2단 침대): 여성 전용 1인 1박 3,000엔~
도미토리(싱글 침대): 남녀 혼합 1인 1박 5,000엔~
패밀리룸(그룹 전용 객실): 16,800엔~
● 최대 4명 1실

시설ㅇ서비스

공유 다이닝(냉동냉장고, 전기 주전자, 전자레인지, 토스터 사용 가능)/
Wi-Fi / 공동 샤워(24시간) / 헤어드라이어/ 개인용 락커/ 코인 세탁기

유료 서비스

귀마개/ 칫솔/ 면도기/ 멀티 플러그 등

아카바네바시 역에서 도보로 약 2분. 언뜻 보면 카페로 보이는 멋진 외관. 흰 벽에 푸른 문과 붉은 차양이 눈에 띈다.

따뜻하게 맞아주는 작은 게스트하우스

TOKYO GUEST HOUSE

06

HOSTEL & COFFEE SHOP ZABUTTON

호스텔 & 커피숍 자부통

도쿄타워 바로 근처, 아카바네바시에 있는 17개 침상을 갖춘 작은 숙소
따뜻하게 맞아주는 아트 홈으로 다시 돌아가고 싶어진다

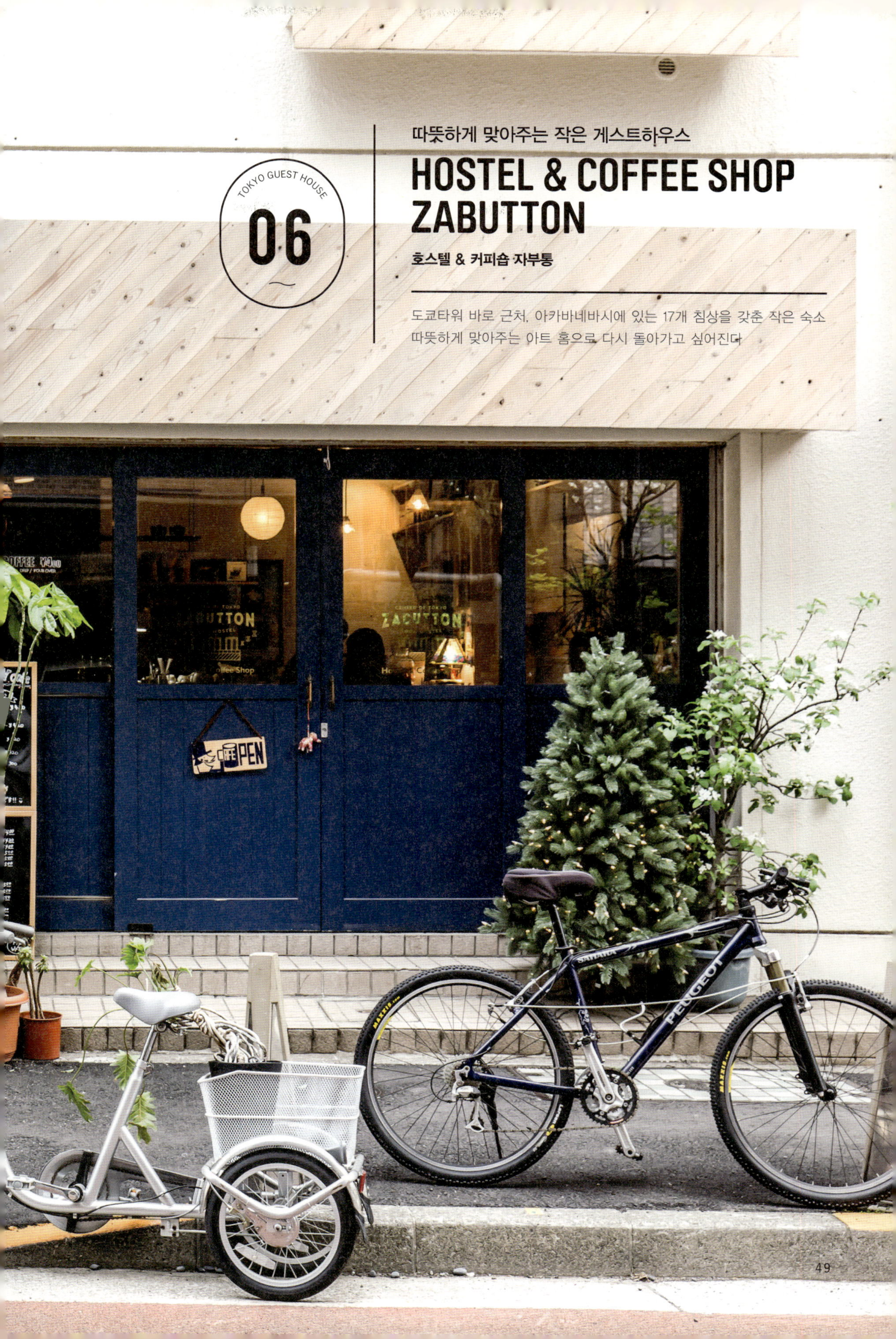

도미토리는 짐을 펼쳐서 정리할 수 있도록
침대 수를 최소한으로 해서 통로를 넓게
만들어 공간이 여유롭다.

¶도쿄 타워와 가장 가까운 역 아카바네바시. 녹색이 많은 아름다운 광경과 차분한 분위기가 매력적인 동네이다. 음식점이었던 건물을 개보수해서 침상 17개로 작은 게스트하우스를 시작한 이토 씨는 원래는 텔레비전 방송 제작회사에 근무했던 직장인이었다. 자세한 동기의 소개는 뒤로 미루고, 1층에는 카페, 2~3층이 숙박 시설인 이 정도의 크기가 '우리도 즐길 수 있는 크기'라고 한다. 물론 경영을 생각하면 침상 수를 늘리는 게 좋지만, 손님 한 사람 한 사람의 얼굴을 기억하고 확실히 마주보려 한다. 작은 곳이라 한껏 따뜻하게 손님을 맞이하는 것이 이토 씨 방식이다. 그것이 결과적으로 아트 홈 같은 분위기를 낳았음은 말할 필요도 없다.

오픈한 계기는 무엇입니까?

ㄴ 가장 큰 계기는 대만의 동멘이라는 역 뒤에 있는 게스트하우스가 마음에 들었기 때문입니다. 그곳은 3층 건물로 1층에 커피숍이 있습니다. 아침에 방까지 커피 향기가 감도는 작은 숙소의 느슨한 분위기가 좋았습니다. 그래서 이곳을 만들 때 항상 그 가게의 이미지를 생각했습니다. 게스트하우스가 많은 번화가가 아니라 구도심에서 하고 싶었기 때문에 약 1년에 걸쳐서 지금의 장소를 찾았습니다.

손님의 반응은 어떻습니까?

ㄴ 장소와 가격 설정이 조금 높아서인지 젊은 사람보다 20대 후반에서 30대 정도의 차분한 배낭여행자가 많습니다. 처음 게스트하우스에 머물었던 여성도 상상했던 것보다 좋았다고 말했습니다. 사업적으로 크게 하는 곳과는 다른 것을 제안할 수 있지 않을까 생각합니다.

게스트하우스를 경영하면서 즐거운 일은 무엇입니까?

ㄴ 자신이 숙박자 관점에서 게스트하우스에 묵을 때 그곳 사람들과 다시 만나고 싶으면 언제든 다시 가서 만날 수 있지 않습니까? 그렇게 '또 올게~' 말하며 돌아가는데, 처지가 바뀌니 배웅하는 쓸쓸함이 굉장합니다. 왜냐하면 다시 오지 않으면 두 번 다시 만날 수 없으니까요. 그래서 언젠

가 차분히 또 여행하는 시간이 생긴다면 SNS로 연결된 친구들을 찾아가는 여행을 해보고 싶습니다.

일본 손님에게 조언이 있습니까?

ㄴ 다른 손님과 적극적으로 사귀는 것이 재미있습니다. 일본인은 교류를 갖고 싶어도 머뭇거리는 사람이 많아서 그런 사람에게는 계기를 만들어주고 있습니다.

가까운 곳의 추천 장소는 어디입니까?

ㄴ 이 주변은 아자부쥬반이 가깝고, 미타의 상점 거리도 꽤 재미있습니다. 대학교가 있어서 싼 점심 메뉴도 많습니다. 또 마치다와 신바시의 일본 직장인밖에 없는 술집도 외국인이 가면 재미있겠네요. (웃음)

앞으로 게스트하우스를 어떻게 꾸려나가고 싶은가요?

ㄴ 아이가 있는 가족이 오면, 이 아이가 자라서 여자 친구를 데리고 오면 좋겠다고 생각합니다. 그래서 변함없이 이곳에서 오래 유지하고 싶습니다.

1 카페 입구 옆에 있는 주차 공간은 약간의 휴식을 취하는 장소이기도 하다. 카페가 닫는 20시 이후에는 안쪽 문을 사용한다.   2 팬 케이크(594엔)는 오픈 때 부터 인기 메뉴   3 1층 카페의 한쪽에 있는 프런트. 주변 벽에는 영향을 받은 대만의 게스트하우스 사진과 손님이 보내준 그림엽서 등이 빽빽하게 붙어 있다. 4 2인용 객실은 트윈과 더블로, 각각 1박에 8,640엔(˘실). 트윈은 2단 침대로 방의 소파에서 쉴 수 있다.   5 카페 영업은 8:30~20:00. 테이블 이외에도 방 석에서 편하게 쉴 수 있는 자리도 있다. 체크인 시에는 웰컴 커피를 준다.

HOSTEL & COFFEE SHOP ZABUTTON
http://www.zabutton.jp
1-29-20, Higashiazabu, Minato-ku, Tokyo, 106-0044, JAPAN
TEL: 03-6277-6499

지도

국적 비율

유럽 20%
북미 20%
중남미 10%
오세아니아 15%
아시아 30%
일본 5%

요금

도미토리: 남녀 혼합 1인 1박 3,780엔~
도미토리: 여성 전용 1인 1박 3,780엔~
개인실: 8,640엔(2인 1실)

시설ㅇ서비스

라운지/ 웰컴 커피/ 부엌/ Wi-Fi / 공동 샤워(24시간)/ 샤워 편의용품/
냉장고/ 전자레인지/ 포트/ 헤어드라이어/ 옷걸이/ 샌들 등

유료 서비스

시간외 가방 보관(숙박 다음날 이후)/ 스키, 스노보드 보관/ 세탁기/
목욕 수건 대여/ 조식 등

로비는 독서와 식사, 이야기를 나누는
등 제각각의 시간을 보내는 장소. 편히
쉴 수 있도록 큰 소파를 놓았다.

07

묵을 수 있는 책방이 테마인 호스텔

BOOK AND BED TOKYO

북 앤드 베드 도쿄

2015년 11월에 오픈한 커다란 책장이 상징적인 숙소
책을 읽다가 잠들어 버린다… 지극히 행복한 수면 체험으로 초대한다

1 책이 있는 생활을 제안하는 셀렉트숍 SPBS가 고른 소설과 사진집, 만화 등 약 1,700권의 책이 꽂혀 있는 책장. 뒤에 침대를 설치했다.　**2** 높이가 있어서 개방감이 느껴지는 침대. 독서등과 전원, 귀마개를 준비했다.　**3** 입구는 엘리베이터를 내리면 바로. 휴대품 보관소 앞에서 벨을 울리면 스태프가 맞아준다. 덧붙여 현금 계산은 안 된다.　**4** 콘크리트 벽에 갓 없는 전구라는 감각적인 세면 공간. 반대쪽에는 24시간 이용할 수 있는 샤워룸이 3개 있다.

¶ 이케부쿠로 역 바로 옆에 있는 한 빌딩의 1층에서 탄생한 BOOK AND BED TOKYO(북 앤드 베드 도쿄)는 책장 안에 침대가 있어 책을 읽으면서 잘 수 있는 '묵을 수 있는 책방'이 콘셉트이다. 책장과 일체화된 침대는 12개, 침대만 늘어선 2단 침대는 18개로 모두 30개이다. 전용 사물함이 있는 스탠다드와 침대만 있는 콤팩트의 2가지 타입의 방을 준비하고 있다. 호스텔로써의 설비는 최소한이지만, '잠들어도 상관없으며 잠들기 전의 시간이 중요하다'고 광고를 담당하는 리키마루 씨는 이야기한다. 실제로 손님들은 독서뿐만 아니라 책을 계기로 생겨나는 대화를 즐기고, 자기 전의 시간을 유익하게 보낸다고 한다. 책을 읽으면서 꿈속으로 빠질 수 있다. 보통 게스트하우스와는 다른 시간을 보낼 수 있는 숙소이다.

오픈한 계기는 무엇입니까?

└ **리키마루 씨** / 원래는 부동산업을 하는 회사인데 그 노하우를 살려서 '호텔을 만들고 싶다'라는 말이 사내에서 나왔습니다. 그런 때에 호텔 바에서 술을 마시면서 동료와 이야기하다가 즐거운 나머지 '이대로 자고 싶다'고 생각했습니다. 그래서 생각한 것이 '좋아하는 것, 즐거운 것을 하는 도중에 자 버렸다'는 체험을 할 수 있는 숙박 시설이었습니다. 그 하나로써 '독서를 하던 중에 잠들다'라는 체험을 할 수 있는 장소를 만들고 싶었습니다.

손님의 반응은 어떻습니까?

└ 이제 오픈한지 반 년 정도이지만, 묵으러 온 김에 그 자리에서 다음 예약을 하는 손님도 있습니다. 국내외의 미디어에 소개되어 일본인, 외국인 모두 단순히 묵기 위해서가 아니라 이 공간과 독서를 즐기기 위해서 오고 있습니다. 그 중에는 중학생 딸의 생일 선물로 묵으러 온 부녀도 있었습니다.

게스트하우스를 경영하면서 즐거운 일은 무엇입니까?

└ 이 공간을 손님이 즐기는 것입니다. 손님이 라운지에 발을 내디디고 눈앞에 죽 나란히 진열된 책을 본 순간, 놀라거나 기뻐하는 표정을 보고 있으면 기쁩니다. 또 손님과 스태프가 사이가 좋아져서 같이 식사하러 나가는 일도 있습니다. 그런 교류를 할 수 있는 것도 즐겁습니다.

일본 손님에게 조언이 있습니까?

└ 게스트하우스 입장에서는 신기할지도 모르지만, 손님 3분의 2가 일본인이니 부담 없이 오면 좋겠습니다. 또 친구들끼리 와서 모임을 해도 좋습니다. 이곳이라면 특별한 준비가 필요 없고, 호텔이나 여관보다 싸게 즐길 수 있습니다.

가까운 곳의 추천 장소는 어디입니까?

└ 외국 분에게 자주 추천하는 것은 '카레우동 히카리 TOKYO'입니다. 우동은 먹어 본 적이 있어도 카레 우동을 먹어 본 적이 없는 외국인이 많기 때문에 기뻐합니다. 또 도큐백화점 지하에서 반찬을 사다가 라운지에서 드시라는 제안도 합니다. 가능한 체크인 후에 밖으로 나가지 않는다는 그런 사람에게는 같은 빌딩의 'Trattoria LOGIC Due'를 추천합니다. 피자를 배달해 줍니다.

앞으로 게스트하우스를 어떻게 꾸려나가고 싶은가요?

└ 실은 지금 가동률이 100%를 넘은 상황입니다. 그래서 묵지 못한 분도 이용할 수 있도록 연내에 게스트하우스를 두세 곳 늘리고 싶습니다.

왼쪽 안에는 화장실과 샤워룸 등 공유 공간이 있다. 오른쪽 안에는 침대가 18개 있다. 물론 책을 갖고 가도 된다.

안전 박스와 전기 주전자, 전자레인지 등 자유롭게 사용할 수 있는 물건들이 있는 코너. 커피와 홍차는 150엔이다.

손님이 선물해준 메시지가 들어 있는 책과 편지. 일부러 본인 나라에서 파는 일본 소설을 사다준 사람도 있다.

데이터

BOOK AND BED TOKYO
http://bookandbedtokyo.com
1-17-7, Nishiikebukuro, Toshima-ku, Tokyo, 171-0021, JAPAN

국적 비율

유럽 5.5%
북미 2.2%
중남미 0.1%
오세아니아 2.6%
아시아 23%
일본 66.6%

요금

도미토리: 남녀 혼합 1인 1박 3,500엔~

시설ㅇ서비스

라운지/ 부엌/ Wi-Fi / 공동 샤워(24시간)/ 전자레인지/ 포트/ 헤어드라이어/
옷걸이/ 귀마개/ 안전 박스 등

유료 서비스

목욕 수건 대여/ 샤워 편의용품/ 칫솔/ 음료수 등

지도

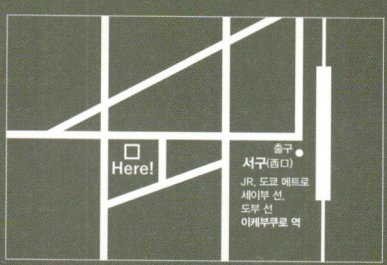

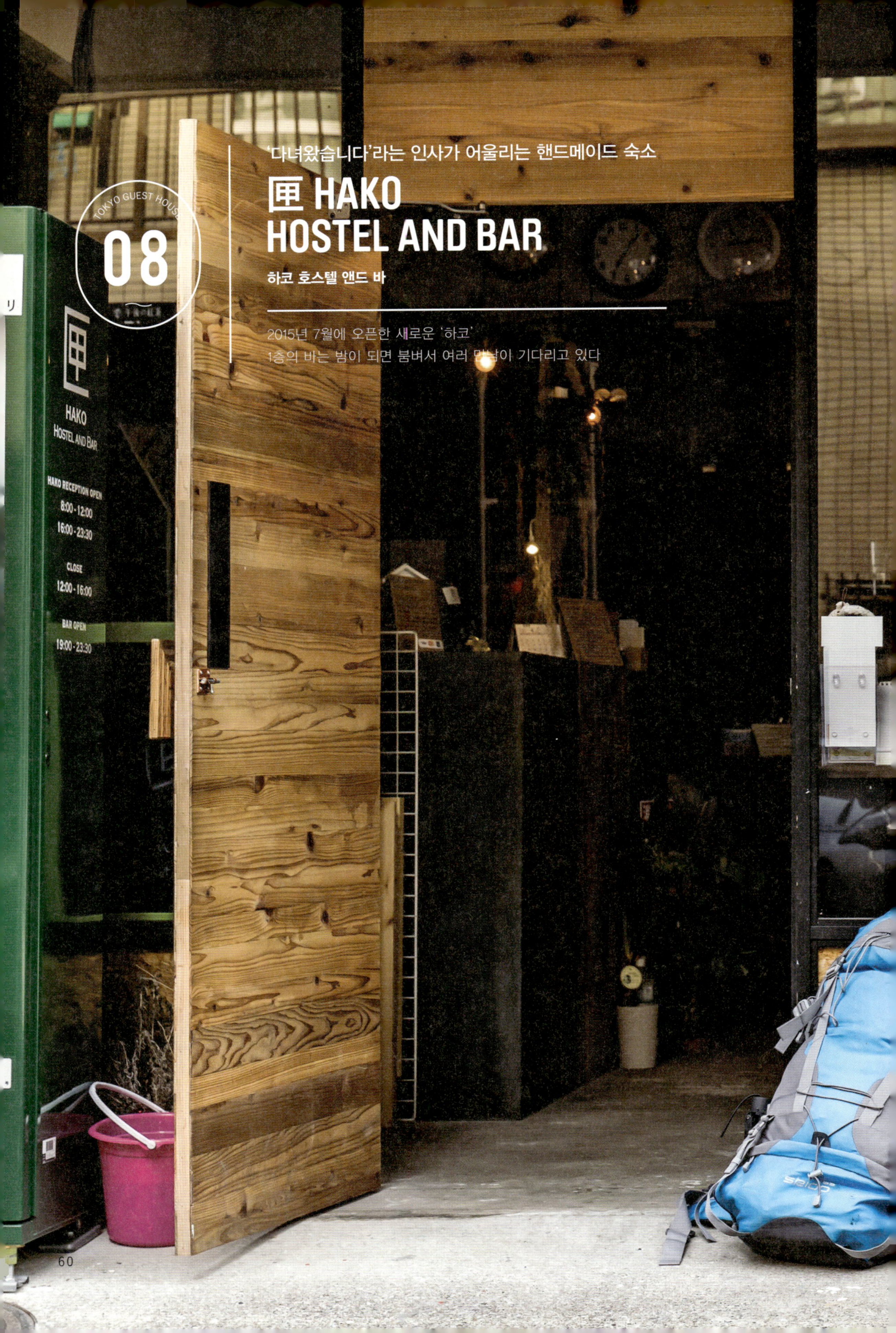

匣
HAKO
HOSTEL AND BAR
HAKO RECEPTION OPEN
8:00 - 12:00
16:00 - 23:30
CLOSE
12:00 - 16:00
BAR OPEN
19:00 - 23:30

TOKYO GUEST HOUSE

08

'다녀왔습니다'라는 인사가 어울리는 핸드메이드 숙소

匣 HAKO HOSTEL AND BAR

하코 호스텔 앤드 바

2015년 7월에 오픈한 새로운 '하코'
1층의 바는 밤이 되면 붐벼서 여러 만남이 기다리고 있다

1층은 리셉션과 바. 무심코 쳐다보게 되는 커다란 유리창의 외관은 밤이 되면 분위기가 싹 바뀐다.

1 바 카운터에 늘어선 술이 압권이다. 모두 마실 수 있으므로 술을 좋아하는 사람은 참을 수 없다. 숙박 손님뿐만 아니라 일반 이용도 가능하다.　2 방은 혼합 도미토리와 여성 도미토리로 침상은 모두 30개이다. 이불 옆에 공간을 만들어 짐도 놓을 수 있고 느긋하게 쉴 수 있도록 궁리했다. 모든 침상에 아주 두꺼운 3단 이불과 헝가리 오리의 깃털 이불을 준비하는 등 쾌적에 신경 썼다.　3 맥주는 45종류를 갖추고 있어 세계 각국의 맛을 즐길 수 있다.　4 바 카운터의 반대쪽에는 둥근 테이블과 소파 등이 있어서 편히 쉴 수 있다.

¶ 장난감 가게 창고였던 건물의 개보수를 시작한 것이 2015년 2월. 전국에서 모인 동료들의 손을 빌려서 직접 완성했다. 5개월 후에 1층은 리셉션&바, 2~3층은 도미토리로 침상 30개의 호스텔로 완성되었다. 모두 즐겁게 모이는 '하코(상자)'가 될 수 있도록, 그리고 '소중한 것을 넣는 작은 상자'라는 의미로 '匣(하코, 상자)'라고 이름 붙였다. 또 침상 수 30개를 고집한 것은 숙박하는 손님의 얼굴, 이름, 국적을 기억할 수 있는 아슬아슬한 수라고 판단했기 때문이다. 손님과 제대로 커뮤니케이션하고 싶다는 주인 이노우에 씨의 생각을 표현한 것이다. '다녀왔습니다'라고 말해버릴 것 같은 집 같은 분위기가 이 숙소의 매력이다.

오픈한 계기는 무엇입니까?

ㄴ **이노우에 씨** / 원래는 외국계 회사에서 회사원으로 일했습니다. 기술 같은 건 없었지만, 고용되지 않는 삶을 살고 싶어서 어느 날 회사를 그만뒀습니다. 처음에는 초등학교 근처에서 밤에는 바가 되는 과자 가게를 할까 생각했지만, 비현실적이라서 20대부터 30년 가까이 배낭여행을 했던 경험을 살려서 여행자를 맞이하는 거점이 되는 호스텔을 해야겠다고 마음먹었습니다.

손님의 반응은 어떻습니까?

ㄴ 우리 호스텔은 머무는 손님의 얼굴과 이름, 국적을 기억해서 제대로 커뮤니케이션하고 있으므로 '집 같은 분위기로군'이라고 말합니다. 특히 2, 3층의 도미토리는 손수 만든 느낌도 있어서 그런 점도 집 같은 분위기일지도 모르겠네요.

게스트하우스를 경영하면서 즐거운 일은 무엇입니까?

ㄴ 이 근처에는 스모 체육관이 몇 곳 있어서 아침 6시 30분 정도부터 연습을 하니까 외국인 손님을 데리고 보러 가거나, 조금 시간이 빌 때는 함께 놀러 가거나 합니다. 이런 일상이 즐겁습니다. 또 당연하지만 제가 한 일 전부가 좋은 점도 나쁜 점도 평가에 반영되는 것이 신선합니다. 매일매일 긴장감이 감돕니다.

일본 손님에게 조언이 있습니까?

ㄴ 최근 게스트하우스가 인기를 얻고 있어서 어디든 일본인이 증가하고 있지만, 아직 게스트하우스와 호스텔이 어떤 장소인지 잘 모르는 거 같습니다. 그래서 어느 정도 숙박 시설에 대한 조사를 하고 체재 자체를 즐기길 바랍니다.

가까운 곳의 추천 장소는 어디입니까?

ㄴ 인근은 번화가가 아니라서 가게가 많은 것은 아니지만, 찾아보면 여러 가게가 있습니다. 합리적인 가격의 해산물 덮밥을 내놓는 '노구치 센교텐(野口鮮魚店)', 하타카 라멘을 파는 '가츤(カツン).' 그 밖에도 스태프 모두 주변의 가게를 개척하는 중입니다.

앞으로 게스트하우스를 어떻게 꾸려나가고 싶은가요?

ㄴ '기분 좋았다'라는 소리를 들으면 아주 기쁩니다. 호스텔을 한다고 정했을 때 '멋지니까 머물고 싶어!'라는 것을 목표로 하지는 않았으니까요. 앞으로도 기분 좋은 숙소를 목표로 하고 싶습니다.

2층은 여성 전용 도미토리룸으로 침대 수
는 전부 20개이다. 방 문에는 번호로 열 수
있는 열쇠가 붙어 있어 안심이다.

여성 전용 도미토리 내에
는 공유 부분과 별도로 전
용 샤워, 화장실, 세면대가
있다. 밖에 나가지 않아도
되는 점이 기쁘다.

프런트에서 여러 나라의 언어가 들
린다. 스태프 전원이 바이링구얼이
라 손님의 질문에 자세하게 답할
수 있는 점도 집처럼 마음 편한 분
위기를 만든다.

匣 **HAKO HOSTEL AND BAR**

http://www.pangaeawalkers.com/hako/

1-39-1, Ishiwara, Sumida-ku, Tokyo, 130-0011, JAPAN

TEL: 03-5637-85041

지도

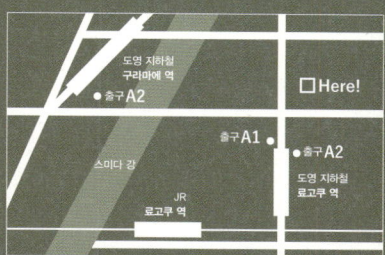

국적 비율

유럽 50%

북미 10%

중남미 5%

오세아니아 10%

아시아 10%

일본 15%

요금

도미토리: 남녀 혼합 1인 1박 3,300엔~

도미토리: 여성 전용 1인 1박 3,5000엔~

시설○서비스

라운지/ 부엌/ Wi-Fi / 공동 샤워(24시간)/ 샤워 편의용품/ 냉장고/
전자레인지/ 포트/ 헤어드라이어/ 옷걸이/ 샌들 등

유료 서비스

시간외 가방 보관(숙박 다음날 이후)/ 자전거 대여/ 세탁기, 건조기/
목욕 수건 대여/ 욕탕/ 대여 플러그/ 귀마개/ 칫솔/ 면도기 등

09

일본발! 게스트하우스의 새로운 브랜드

GRIDS HOSTEL + LOUNGE
NIHONBASHI EAST / AKIHABARA

그리즈·호스텔 라운지 니혼바시 이스트/ 아키하바라

쾌적하게 즐기는 숙박을 위한 아이디어를 담은
게스트하우스의 새로운 표준이 여기에!

2016년 1월에 오픈한 니혼바시 이스트의 라운지는 차분한 분위기가 매력이다. 맥주 선정에 신경 쓰고 있으며 세계 각국의 맥주병을 진열하고 있다.

아키하바라의 라운지는 오픈 카페처럼 편하게 즐길 수 있다. 역 이미지를 딴 인테리어도 세계 각국 손님이 모이는 장소로에 어울린다.

¶2015년 4월에 아키하바라, 2016년 1월에 히가시니혼바시에 잇달아 오픈한 'GRIDS Hostel+Lounge(그리즈 호스텔 앤드 라운지)'는 바 라운지를 병설한 신세대 호스텔이다. POD라고 불리는 2단 침대가 늘어선 객실을 중심으로 친구끼리도 사용할 수 있는 룸 타입의 도미토리와 완전히 사생활이 보장되는 세면대를 갖춘 호텔 타입의 개인실까지 준비되어 있다. 배낭여행자부터 관광객, 가족과 함께 마음 편하게 묵을 수 있어 믿음직하다. 관내에는 이른바 게스트하우스의 어수선한 분위기와는 무관한 깨끗하고 세련된 공기가 감돈다. 말하자면 여행자들끼리의 만남과 교류는 적을 거 같지만, 오히려 반대다. 분위기가 좋은 라운지가 동네 사람과 손님의 교류 장소가 되어 자연스러운 형태로 사람과 사람을 연결한다.

오픈한 계기는 무엇입니까?

└ **지배인 히가 유키 씨** / 아키하바라와 니혼바시 이스트는 모두 사무실 건물이었던 곳을 개축해서 오픈했습니다. 주인인 ㈜산케이빌딩과 함께 오픈을 위해서 '여행자들의 허브'라는 콘셉트를 정하고, 세계 여행자들이 교류하는 장소가 되도록 여러 가지 아이디어를 내서 추진했습니다. 격자를 의미하는 그리즈(GRIDS)라는 이름도 사람과 사람, 일본과 세계가 서로 포개지는 장소를 기대하면서 붙였습니다. 사람들이 모일 수 있게 라운지에도 공을 들였습니다. 아키하바라는 역을 상상해서 만들었습니다. 니혼바시는 천도매상이었던 역사를 고려해서 인테리어했습니다.

손님의 반응은 어떻습니까?

└ 오리지널로 만든 POD의 평판이 좋습니다. 또 입지가 좋은 점도 칭찬받고 있습니다. 아키하바라는 관광객에게도 잘 알려진 아키하바라 역, 이와모토카치 역, 아사쿠사바시 역 등 3개의 역, 니혼바시 이스트는 바쿠로요코야마 역, 히가시니혼바시 역, 닌교마치 역을 사용할 수 있어서 관광에 편리합니다. 라운지는 점심에는 근처에서 근무하는 분, 밤이 되면 숙박하고 있는 손님으로 붐빕니다. 술 종류가 많고 음식 메뉴도 많아서 만족하는 거 같습니다.

게스트하우스를 경영하면서 즐거운 일은 무엇입니까?

└ 역시 여러 사람과 만날 수 있는 점과 사람들이 기뻐하는 것이 큰 매력입니다. 조금씩 외국에도 알려져서 외국에서 오는 손님 비율도 올라가고 있습니다.

일본 손님에게 조언이 있습니까?

└ 카페와 라운지로 사용하는 분도 많으니 부담 없이 찾아주세요. 정말 편리한 장소에 있으므로 관광뿐만 아니라 비즈니스와 취업 활동 시에도 이용해 주세요. 회식이 끝난 후 막차를 놓칠 것 같을 때 묵으면 택시비를 절약할 수도 있습니다.

앞으로 게스트하우스를 어떻게 꾸려나가고 싶은가요?

└ 당연한 일이지만, 안전하고 깨끗한 환경 속에서 묵을 수 있는 장소를 제대로 제공하는 것이 대전제입니다. 사실 그것도 일본다운 대접의 하나입니다. 또 앞으로는 손님의 요망에 더 부응하고 싶으니 콩셰루즈 서비스를 더 잘하고 싶습니다. 그리고 이건 앞으로 시작할 예정입니다만, 스태프가 손님과 함께 밖에 나가는 투어도 기획하고 있습니다. 그리즈다운 친절한 느낌으로 소규모로 하는 투어가 될 예정입니다.

1 니혼바시 이스트 라운지에는 손님이 글을 남길 수 있는 그래픽 지도가 있다. 스태프를 소개하는 안내문이 붙어 있는 것도 친절함을 더한다. **2** 손님의 요청을 받아 준비한 세계 각국의 맥주. 유럽과 미국 맥주는 물론 일본 지방 맥주도 여러 종류 갖추고 있다. **3** 니혼바시 이스트의 리셉션은 차분한 분위기이다. 천 도매상 거리인 히가시니혼바시의 이미지를 딴 커튼도 센스가 좋다. **4** 니혼바시 이스트의 공동 식당은 이곳이다. 손님은 공유 냉장고와 전자레인지, 전기 주전자 등을 이용할 수 있다. 각 자리에는 전원이 있어서 노트북을 펼치면 바로 일할 수도 있다.

오리지널로 설계한 POD이라는 소형 침대 공간. 쾌적하게 사용할 수 있도록 두꺼운 매트리스를 사용한다. 기분 좋은 잠자리를 제공한다.

음식 메뉴가 풍부한 것도 그리즈의 특징 중 하나이다. 그랜드 메뉴와 음료수 이외에도 스낵 등도 마음껏 가져갈 수 있다.

아키하바라의 라운지는 외국 카페 같은 분위기이다. 점심시간에는 근처에서 일하는 사람들로 붐빈다. 기업과 협업한 이벤트도 개최한다.

바닥에는 어느 나라의 손님이 봐도 한 번에 이해할 수 있는 디자인을 사용했다. 국제적인 허브 공항 등에 있는 픽토그램이 생각난다.

손님이 체크아웃 직후에 짐을 맡길 수 있는 아키하바라. 숙박 다음 날에도 짐을 맡아주므로 편리하다.

세계에서 손님이 모이는 곳이라 그리즈의 스태프는 언어에 뛰어나다. 체크인 때부터 편안한 분위기가 감돈다.

프리미엄룸에는 전용 샤워룸과 화장실도 완비. 호텔 같은 방이므로 아이를 데려와도 마음 편히 머무를 수 있어 기쁘다.

GRIDS HOSTEL + LOUNGE NIHONBASHI EAST
https://grids-hostel.com/hostels/nihonbashi-east/
4-7, Nihonbashihisamatsucho, Chuo-ku, Tokyo, 103-0005, JAPAN
TEL: 03-6667-6236

GRIDS HOSTEL + LOUNGE AKIHABARA
https://grids-hostel.com/hostels/akihabara/
2-8-16, Higashikanda, Chiyoda-ku, Tokyo, 101-0031, JAPAN
TEL: 03-5822-6236

지도

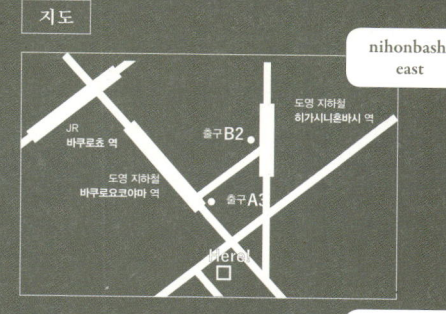

국적 비율

유럽 15%
북미 5%
중남미 2%
오세아니아 3%
아시아 50%
일본 25%

요금

POD(남성/ 여성 각 전용 층): 1박 3,300엔~
싱글룸: 1박 3,500엔~
더블룸: 1박 1명 3,600엔~(아키하바라)
도미토리: 1인 1박 3,300엔~(1실 4명까지)
패밀리룸: 1박 1명 3,600엔~(1실 4명까지/ 아키하바라)
프리미엄룸: 1박 1명 4,500엔~
재패니즈룸: 1박 1명 5,000엔~(1실 4명까지/ 아키하바라)

시설ㅇ서비스

Wi-Fi / 목욕 수건 대여/ 헤어드라이어(공동)/ 욕실(공동, 아키하바라)/
전자레인지/ 전자 주전자(공동)/ 냉장고(공동)

유료 서비스

실내복 대여/ 귀마개/ 칫솔/ 면도기 등

공동 작업 공간&카페. 천장은 높고 창도 크고 열려 있어 개방적이다. 간판 마스코트인 '코메메'가 친절하게 맞아준다.

스카이트리가 지켜보는 여행자의 교차점

TOKYO HÜTTE

도쿄 휘테

주인 삼인조가 각각의 경험을 살려 만든 숙소
동네 주민도 모이는 공동 작업 공간&카페는 매일 자극적이다

옥상에 올라가면 이런 사치스런 광경이 바로 눈앞에 펼쳐진다. 스카이트리를 이렇게까지 가까이서 보면 엄청나다. 날씨가 좋은 날은 손님들이 자연스레 이곳에 모인다.

¶스카이트리 바로 코앞. 스미다 강에서 갈라진 기타쥬칸 강 사이에 있는 'TOKYO HÜTTE(도쿄 휘테)'는 공동 작업 공간이 함께 있는 게스트하우스이다. 여성 2인과 남성 1인의 삼인조가 주인으로 배낭여행의 체험과 게스트하우스에서 일했던 경험을 바탕으로 숙소를 만들었다. 원래는 철물점 창고로 천장이 높은 2층 건물을 개보수해서 오픈했다. 이 지역의 독특한 번화가 풍경에 녹아들어 있고, 근처와의 관계도 깊어서 맛있는 커피를 마시고 싶어 온 동네 사람과 여행자의 교류가 이루어지는 것이 재미있다. 일자리를 구하러 온 비즈니스맨과 취업 준비생에게도 마음이 편해지는 많은 사람이 교차하는 자극적인 장소이다.

오픈한 계기는 무엇입니까?

ㄴ 후지쓰나 씨 / 원래 제 친구 3명은 디자인 일을 했지만, 게스트하우스에서 일한 경험이 있거나, 각각 여러 분야의 경험이 있어서 그것을 살려서 하나의 상자를 만들면 좋겠다는 것이 시작이었습니다. "매일 맛있는 커피가 마시고 싶어"라든가 "좀 더 여러 사람과 교류할 수 있는 장소가 있다면 좋겠다" 등등. 그런 우리들의 바람을 담았더니 이런 게스트하우스 형태가 되었습니다.

손님의 반응은 어떻습니까?

ㄴ 건물이 있어서 정한 장소였기 때문에 처음에는 사람이 모일까 불안한 것도 있었지만, 뚜껑을 열어보니 역에서 도보로 2분 정도라 접근성이 좋고, 여기서 어딘가로 가기에도 편리했습니다. 하지만, 우라오시아게라는 비교적 한적한 지역이라 밤에는 조용합니다. 관광으로 지쳐 돌아오면 편히 쉴 수 있습니다.

게스트하우스를 경영하면서 즐거운 일은 무엇입니까?

ㄴ 손님들이 서로 사이좋아지는 것을 보면 기쁩니다. 여행자끼리뿐만 아니라 근처의 사람과 공동 작업 공간이 필요해서 온 사람들도 서로 사이가 좋아집니다. 동네 커뮤니티 기능을 하는 걸까요. 또 외국인 단골손님도 "작년에도 묵었죠?"라는 사람과 재회할 수 있고, "또 올게"라고 말하기도 합니다. 이런 것이 역시 기쁩니다.

일본 손님에게 조언이 있습니까?

ㄴ 오픈 직후에는 한동안은 외국에서 온 손님이 많았지만, 도쿄로 출장 온 회사원과 취업 준비로 오는 손님도 요즘은 부쩍 늘고 있습니다. 공동 작업 공간이 있으니 일이 메인이어도 편리하게 활용할 수 있습니다.

가까운 곳의 추천 장소는 어디입니까?

ㄴ 마침 같은 시기 근처에 오픈한 '다케스에 도쿄 프리미엄'이라는 라면 가게는 외국 손님에게도 인기입니다. 근처에 목욕탕이 몇 개 있고, 축제나 불꽃놀이 시기에는 이웃과 함께 참여하기도 합니다. 구도심을 즐겨주세요.

앞으로 게스트하우스를 어떻게 꾸려나가고 싶은가요?

ㄴ 숙소는 지금처럼 느릿느릿한 분위기로 하고, 좀 더 다양한 사람이 올 수 있도록 하고 싶네요. 라이브와 마르셰라든가 즐거운 이벤트를 늘리면 좋겠다고 생각합니다.

1 아무렇지도 않게 놓여 있는 화분을 슬쩍 들여다보니 금붕어가. 이런 부분에서도 동네의 정경이 느껴진다. **2** 스카이트리 주변과 일본 각지의 게스트하우스 정보는 계단 구석에. **3** 공동 작업 공간에서는 프린터를 A4 흑백 1매 10엔부터 이용할 수 있어서 작업 공간 기능도 갖고 있다. 외서와 만화도 있다. **4** 벽에는 장난감을 놓았다. 생각도 못한 공간에도 작은 놀라움이 숨겨져 있다. **5** 조식은 히가시무코지마의 신예 빵집 '블랑제리 토로와'의 두꺼운 토스트를 제공. 직접 만든 피클과 음료수를 함께 내는 버터 토스트 세트(500엔), 치즈 토스트 세트(600엔). 오카야마의 게스트하우스 KAMP와 협업한 '키마 카레 토스트'(단품 600엔)도 인기이다.

건물 앞에는 벤치가 있어서 자연스레 사람이 모인다. 지나가던 동네 사람과 손님의 대화도 이곳에서는 놀라운 광경은 아니다.

창에서 바로 강이 보이는 위치도 이 숙소의 특징. 창이 크게 열려 있어서 볕이 잘 들고 창이 아주 밝다. 창가는 특등석이다.

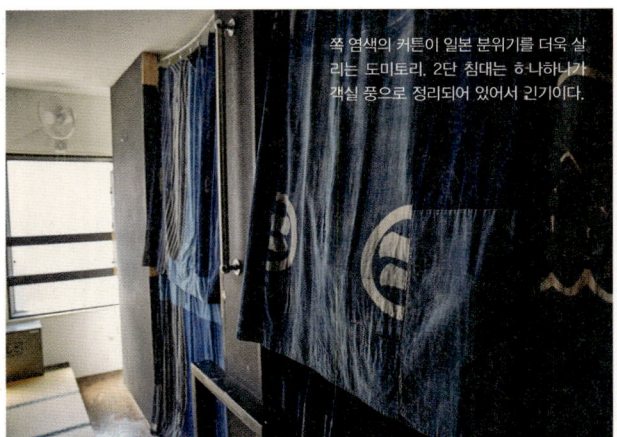

쪽 염색의 커튼이 일본 분위기를 더욱 살리는 도미토리. 2단 침대는 ㅎ-니하니가 객실 풍으로 정리되어 있어서 긴기이다.

침대 안은 세로 너비가 넓어서 느긋하게 쉴 수 있다. 공기가 지나다니는 길이 되는 작은 창을 열어 놓아 쾌적한 환경을 고려했다. 안에는 보안 상자도 있다.

카페 'inkr coffee&bar'에서는 '우드베리 코피 로스터즈'의 콩을 블렌딩하여 사용한다. 라테 430엔~으로 합리적이다.

외실이 한 개 있어서 어린아이들을 데리고 오는 가족도 숙박할 수 있다. 넓이는 4평 반으로 아주 넓다. 창밖에는 기타 쥬칸 강이 보인다.

공용 부분의 한쪽에는 냉장고와 전기 주전자, 헤어드라이어, 다리미 등이 준비되어 있어 손님은 자유롭게 사용할 수 있다.

데이터

TOKYO HÜTTE
http://www.tokyoHÜTTE.co.jp
4-18-16, Narihira, Sumida-ku, Tokyo, 130-0002, JAPAN
TEL: 03-5637-7628

지도

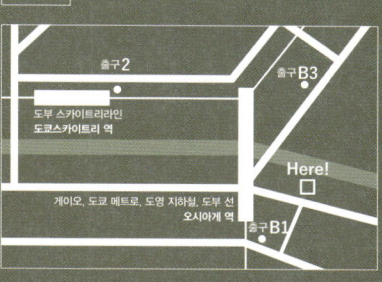

국적 비율

유럽 30%
북미 10%
중남미 5%
오세아니아 5%
아시아 30%
일본 20%

요금

도미토리: 남녀 혼합 1인 1박 3,200엔~
도미토리: 여성 전용 1인 1박 3,500엔~
개인실(1실): 7,500엔
●어른 2명에 아이 1명까지(추가 요금)

시설ㅇ서비스

라운지/ Wi-Fi / 공동 샤워(24시간)/ 샤워 편의용품/ 냉장고/
전자레인지/ 포트/ 헤어드라이어/ 옷걸이

유료 서비스

시간외 가방 보관(숙박 다음날 이후)/ 스키, 스노보드 보관/ 자전거 대여/
세탁기/ 목욕 수건 대여/ 요가 매트 대여/ 실내복 대여/ 귀마개/ 칫솔/ 면도기 등

처음으로 혼자 가는
MY FIRST GUEST HOUSE

게스트하우스 여행

게스트하우스에 흥미를 갖고 있어도 처음 숙박하려면 용기가 필요합니다.
아무것도 모르는 사람이 혼자 TOKYO HÜTTE에 묵어 보았습니다!

하기와라 노조미 씨／책과 영화를 아주 사랑하는 문화계 여성. 여행 경험은 적어서 국내의 몇 곳을 간 것이 전부. 물론 게스트하우스는 처음이다.

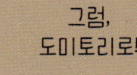

O4

네라 씨
Hi!
Hello~!

GREETING

두근두근하며 도미토리로. 먼저 온 손님이 있다면 '헬로'만이라도 인사를. 영어를 할 수 없어도 뜻밖에 어떻게든 된다. 친구가 될 절호의 기회를 놓치지 마세요.

그럼,
도미토리로!

O1

실례합니다!

START!

O2

체크인할 수
있나요?

기다리셨습니다

CHECK IN

체크인 방법은 보통 호텔과 거의 같다. 게스트하우스라고 해서 특별한 것은 없고 예약자 이름을 말하면 된다. 시설 사용법 등의 설명은 귀 기울여 듣자.

날씨가 좋으면
스카이 트리가
보인다.

O3

세면대도 깨끗!

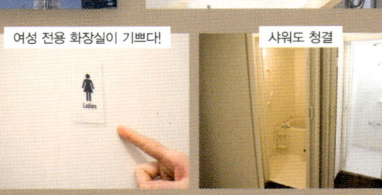

여성 전용 화장실이 기쁘다!   샤워도 청결

EXPLORE

체크인을 무사히 마치면 다음은 숙소 안을 탐험해보자. 세면대와 화장실 등이 신경 쓰인다면 빨리 확인하자. 옥상에 올라가면 놀랄 일이 있을지도.

[게스트하우스를 즐기는 방법]

-01-
도미토리에서는 적극적으로 인사를

같은 방에서 자는 사람들끼리 안심하고 잘 수 있도록 간단한 자기소개 정도는 하는 것이 말썽도 적을 것이다.

-02-
좋으나 싫으나 함께 쓰는 방 밤에는 조용히

심야에 돌아올 때는 이미 자는 사람을 깨우지 않도록 주의. 반대로 소음에 골치 아프지 않도록 귀마개를 준비하자.

-03-
수건과 칫솔을 준비!

게스트하우스는 소박함이 기본, 비품은 유료인 경우가 대부분이므로 미리 준비하는 것이 좋다.

-04-
체크인 시간을 지키자

큰 호텔과는 다르게 체크인 시간이 정해져 있는 곳이 대부분이다. 특히 시간에 늦지 않도록 주의하자.

-05-
즐거운 마음을 소중히

말이 통하지 않는 것도 포함해서 다소 불편을 즐기자. 그 마음을 잊지 않으면 분명 멋진 경험이 될 것이다.

간판 마스코트
코마에쨩

일본 음식 좋아하는 좋아하는 있어?
나는 라면을 좋아해

COMMUNICATION

교류를 원해서 숙박한다면 라운지에서 적극적으로 커뮤니케이션을. 커피를 마시면서 느긋하게 다른 손님이나 스태프와 적극적으로 시간을 즐기자.

바로 근처에 맛있는 라면 가게가 있어요

안녕히 주무세요!

GO TO BED

다케스에 도쿄 프리미엄(竹末東京プレミアム)

주소 5-14-7, Narihira, Sumida-ku, 130-0002, Tokyo, JAPAN
영업시간 11:30~15:00, 18:00~21:00
쉬는 날 화요일

도치기의 유명 가게가 도쿄로 처음 진출하여 화제를 모은 곳이다. 진한 맛이 느껴지는 상품의 닭 육수에 간장 양념을 넣은 쇼유 라멘(800엔)이 일품이다.

여기다!

아사쿠사에 다녀오겠습니다!

SIGHTSEEING

아직 시간이 남은 네라 씨에게 아사쿠사를 안내한다. 이렇게 손님들끼리 외출할 정도로 사이가 좋아지는 것이 게스트하우스의 매력이다.

잘 먹겠습니다! 맛있겠다!

EATING

배가 고파 숙소에서 만난 네라 씨와 점심. 스태프가 알려준 라면 가게에 왔다. 항상 사람들이 줄 서는 인기 가게 같다!

러브호텔을 개장한 '카오산 월드 아사쿠사'
의 입구. 방의 판넬 등 여기저기에 이름을 붙
인 것이 재미있다.

일본 게스트하우스의 선구자

KHAOSAN TOKYO

카오산 도쿄

11

2004년에 1호점을 아사쿠사에 오픈한 후 지금까지
총 12개의 점포를 운영 중인 아시아 최대급의 호스텔 그룹
즐겁고 개성적인 콘셉트가 매력적이다

지금은 스위치를 눌러도 열쇠
는 나오지 않지만, 방의 디자
인을 알 수 있는 사진이 들어
있다. 〈카오산 월드 아사쿠사〉

¶ 세계에서 배낭여행자가 모이는 성지 태국의 카오산 로드의 이름을 따서 외국에서 온 여행자를 받기 위해 1호점을 오픈한 것이 2004년이다. 순식간에 인기를 얻으면서 속속 새 지점을 오픈했다. 2016년 3월에는 오사카에도 진출하여 지금은 총 12개의 점포를 운영 중이다. 카오산 그룹의 재미있는 점은 점포마다 독특한 콘셉트가 있다는 것이다. 예를 들면 버블기에 세워진 러브호텔을 개축한 카오산 월드 아사쿠사에서는 그 시대의 화려함을 살린 디자인, 사무라이 캡슐에서는 칼과 가면 등 일본다운 것을 장식하고 있다. 침상 수도 소규모에서 대규모까지, 점포마다 다르게 즐길 수 있는 것이 매력이다. 며칠 묵는다면 여기저기 찾아가는 것도 재미있을 것이다.

오픈한 계기는 무엇입니까?

ㄴ 홍보 고니시 씨 / 카오산 그룹의 창업자는 우에노 출신으로 2002년 한일 월드컵 때, 야나카 지구에 외국인 여행자가 모인다는 것을 알고 이왕이면 아사쿠사에 묵게 하고 싶다는 생각으로 게스트하우스를 시작했습니다. 태국에 주재하던 시절 방콕의 카오산 로드에 매료당해 세계의 사람들이 모이는 게스트하우스라는 것의 장래성을 느낀 것도 큰 계기였다고 합니다.

손님의 반응은 어떻습니까?

ㄴ 점포마다 콘셉트가 다르니 고객층도 달라서 사무라이 캡슐에는 유럽에서 온 배낭여행자와 돈이 많은 배낭여행자, 라보라토리에는 가까운 아시아 여러 나라에서 온 가족 단위나 친구 그룹이 많은 것이 특징입니다. 카오산 월드 아사쿠사는 도쿄 최대급 규모라 단체 손님도 묵고 있습니다. 특히 대만, 한국 손님은 거리가 가까워서인지 단골손님도 많습니다. 각 도시에 점포가 있으므로 아타미→도쿄→오사카로 이동하며 묵는 손님도 있습니다.

게스트하우스를 경영하면서 즐거운 일은 무엇입니까?

ㄴ 이것은 호스텔의 특징이면서 최대의 부가가치라고 생각합니다. 손님들끼리의 거리는 물론 스태프와 손님의 거리가 상당히 가까운 것입니다. 도미토리와 거실에서 사이좋아져 함께 외출하는 모습을 보면 가슴이 따뜻해집니다.

일본 손님에게 조언이 있습니까?

ㄴ 외국 손님은 일본 손님보다 빨리 예약합니다. 그래서 빨리 예약하는 것이 좋습니다. 또 호스텔의 매력을 즐기려면 최소한 1주일은 묵으면서 세계 각국의 손님과 친구가 되어보면 다른 데서는 맛볼 수 없는 문화교류와 어학체험을 즐길 수 있다고 생각합니다.

가까운 곳의 추천 장소는 어디입니까?

ㄴ 사실 스태프의 약 절반이 아사쿠사에 살고 있어서 손님에게 익숙한 가게를 소개하는 경우가 많습니다. 카오산 월드 아사쿠사에서는 손님 전용 바가 있으니 이쪽도 추천합니다. 매일 밤 스태프도 함께 마십니다. (웃음)

앞으로 게스트하우스를 어떻게 꾸려나가고 싶은가요?

ㄴ 2016년 3월에 오픈한 카오산 월드 남바는 222개의 침상을 보유한 국내 최대급 호스텔입니다. 이 정도의 규모는 유럽과 호주에서는 놀랄 일은 아닙니다. 그래서 더욱 큰 호스텔 운영에도 도전하고 싶습니다.

〈라보라토리〉의 리빙&부엌은
맨 꼭대기에 있다. 잔디 같은
카펫이 기분 좋은 다다미 객
석은 낮잠 자기에 좋다.

〈사무라이 캡슐〉에는 마스킹
테이프를 능숙하게 사용하는
사람이 있는 것 같다. 계단 등
에는 아사쿠사다운 건물 등이
그려져 있다.

순수한 일본풍의 거실에는 작은 밥
상이 6개. 손님끼리 게임을 하거나
밥을 먹는 곳이 이곳이다. 〈사무라
이 캡슐〉

1 기계실이었던 곳을 개축한 〈카오산 월드 아사쿠사〉의 넓은 부엌. IH히터가 4개 있고 냉장고도 영업용 크기이다.　2 비교적 제대로 된 부엌이 딸린 〈사무라이 캡슐〉. 조미료와 도구도 잘 갖추고 있어 간단한 요리라면 어느 정도 만들 수 있다.　3 원래는 유리를 끼운 욕조였다는 〈카오산 월드 아사쿠사〉의 한 방. 러브호텔 시절의 구조를 살린 것이 재미있다.　4 버블 시대에 세워진 건물이라 복도가 고급 호텔만큼 넓다. 당시의 문화를 느낄 수 있게 만든 것이 눈에 띈다.

1 엘리베이터 안에는 인사 등의 기본적인 일본어가 붙어 있어서 작은 부분에서도 일본을 즐길 수 있게 한 배려가 느껴진다. 〈사무라이 캡슐〉 **2** 리셉션 반대 쪽에는 샷갓과 하오리(윗도리)가 걸려 있다. 분위기를 만드는 것뿐만 아니라 실제로 입고 사진을 찍을 수 있다. 〈사무라이 캡슐〉 **3** 원래 사용하던 조명을 그대로 사용하는 곳도 있다. 개보수의 한 접근 방법이다. 〈카오산 월드 아사쿠사〉 **4** 실험적인 것을 하자라는 콘셉트를 기반으로 컬러풀한 배색으로 장식한 〈라보라토리〉의 한 방. 방마다 색이 다르다. 이쪽은 3인실(4,500엔~/ 1인) **5** 각 점포는 우에노와 가마쿠라, 후지 산 등 주요 관광지로 가는 방법을 표시한 카드를 준비했다. 이런 세심한 점이 외국인 손님에게 든든하게 다가간다. 〈사무라이 캡슐〉

〈사무라이 캡슐〉의 2단 침대는 위아래 각각의 입구를 방해하지 않도록 만들었다. 소리가 울리지 않게 궁리한 것 같다.

스태프룸을 개보수한 바는 19:00~23:30 영업한다. 매주 목요일 밤에는 재즈 라이브가 열린다. 〈카오산 월드 아사쿠사〉

디럭스 타입의 도미토리. 침대 안까지 일
본풍으로 꾸몄다. 수납식 간이 데스크 등
도 있다. 3,200엔~/ 1박 '사무라이 캡슐'

〈라보라토리〉의 리셉션. 오
른쪽의 고저 차는 벤치를 겸
하는 안전 박스이다. 봉제
인형이 많이 진열되어 있다.

러브호텔 시절에 가장 등급이 높았던 복
층 타입의 방은 지금은 공유 공간이 되었
다. 〈카오산 월드 아사쿠사〉

아이를 데려올 수 있는 패
밀리룸. 활모양으로 굽은 벽
은 당시 모습 그대로이다.
방 안에 샤워와 화장실을 완
비. 〈카오산 월드 아사쿠사〉

〈사무라이 캡슐〉은 2단 침대가 있어서
서양의 배낭여행자가 많다. 국제 거리에
있어서 교통도 편리하다.

데이터

카오산 월드 아사쿠사 여관&호스텔
http://khaosan-tokyo.com/kr/world/
3-15-1, Nishiasakusa, Taito-ku, Tokyo, 111-0035, JAPAN
TEL: 03-3843-0153

카오산 도쿄 사무라이 캡슐
http://khaosan-tokyo.com/kr/samurai/
3-16-10, NishiAsakusa, Taito-ku, Tokyo, 111-0035, JAPAN
TEL: 03-3844-0011

카오산 도쿄 라보라토리
http://khaosan-tokyo.com/kr/laboratory/
2-1-4 NishiAsakusa, Taito-ku, Tokyo, 111-0035, JAPAN
TEL: 03-6479-1041

국적 비율　카오산 월드 아사쿠사 여관&호스텔 비율

유럽 10%
북미 20%
충남미 10%
오세아니아 5%
아시아 50%
일본 5%

요금

도미토리: 남녀 혼합 1인 1박 2,500엔~
도미토리: 여성 전용 1인 1박 2,800엔~
개인실: 8,400엔(2명 1실)
●카오산 월드 아사쿠사 여관&호스텔 요금. 점포마다 다릅니다.

시설 o 서비스

라운지/ 부엌/ Wi-Fi/ 공동 샤워(24시간)/ 샤워 편의용품/ 냉장고/ 전자레인지/
전기 주전자/ 헤어드라이어/ 옷걸이/ 샌들 등

유료 서비스

세탁기/ 목욕 수건 대여/ 칫솔/ 면도기 등
●설비, 유료 서비스는 점포마다 다릅니다.

지도

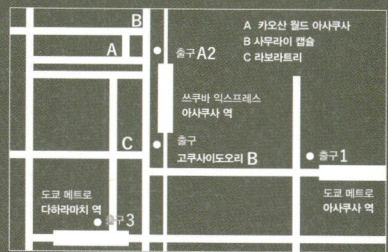

93

일본문화를 축소한 도쿄 여관

行燈旅館

안돈료칸

골동품과 워크숍 등
일본의 매력을 다방면으로 체감할 수 있는 희한한 숙소

어딘지 그리운 분위기가 느껴지는 마루의 다
다미방 객석에 꼭 앉아보고 싶다. 이곳에서 조
식을 먹는 일 자체가 외국 여행자에게는 신선
한 체험일 것이다.

96

¶복도를 걸으면 다양한 골동품에 눈길을 빼앗긴다. 거의 매일 일본문화와 관련된 워크숍이 열린다. 객실도 도미토리 타입이 아니라 전부 개인실로 '다다미와 이불'이라는 일본 스타일이다. 이것도 저것도 '일본의 문화를 체험하길 바란다'는 주인 이시이 토시코 씨의 생각이 구현된 것이다. 그러니까 '여관'임을 고집하지 않고 건물은 여관법을 적용할 수 있는 크기가 되도록 건축가와 상담하면서 세운 5층짜리 건물이다(사실은 일본 건축학회의 작품상을 수상하는 등 외국의 건축 잡지에도 소개될 정도로 건축적으로도 우수한 건물이라고 한다). 방은 세로 길이가 다다미 4장 반 정도로 넓지는 않아도 기분 좋게 보낼 수 있는 크기이다. 개업한 지 올해로 13년. 요즘 스타일의 게스트하우스와는 또 다른 느낌을 즐길 수 있는 숙소이다.

오픈한 계기는 무엇입니까?

ㄴ **이시이 씨** / 1997년부터 야나카에서 외국인 상대의 게스트하우스를 했는데 좀 더 일본의 문화를 체험할 수 있는 지금보다 큰 숙소를 만들고 싶다는 마음이 생겼습니다. 지금은 영어로 대응 가능한 여관이 늘었지만, 2003년 오픈 당시에는 그런 곳이 거의 없었습니다. 외국인이 여관에서 묵고 싶다고 생각해도 쉽게 받아들이는 곳이 없었어요. 그래서 다다미에 이불을 까는 여관이라는 스타일을 고집하고 싶었습니다.

손님의 반응은 어떻습니까?

ㄴ 이제 올해로 13년 됐으니까 일본에 올 때마다 묵는 손님도 많아서 기쁘기 그지없습니다. 여러 게스트하우스가 늘어나고 있으니 감사한 일입니다. 기모노 입기나, 데마키 스시라든가 매일 워크숍을 하고 있는데 그것도 호평받고 있습니다.

게스트하우스를 경영하면서 즐거운 일은 무엇입니까?

ㄴ 역시 '감사합니다'라든가 '묵어서 즐거웠습니다'라는 말을 듣는 것입니다. 또 건물이 건축적으로 평가를 받아서인지 외국에서 건물을 보기 위한 목적으로 묵으러 오는 분도 있습니다.

일본 손님에게 조언이 있습니까?

ㄴ 주말은 비즈니스 등으로 일본인의 이용도 늘어나고 있어서 우선은 주저하지 말고 묵어주길 바랍니다. 또 외국인 손님도 마찬가지로 저녁은 제공하지 않으므로 날씨가 좋다면 옥상에서 사 온 음식을 펼쳐놓고 마시고 먹으면서 즐기길 바랍니다.

가까운 곳의 추천 장소는 어디입니까?

ㄴ 이곳은 역시 구도심이므로 가능한 오래된 일본다운 지역 가게를 추천하고 싶습니다. 창업 127년이 된 튀김 덮밥 가게 '도테노이세야(土手の伊勢屋)'라든가 술집 '기미마쓰(喜美松)'라든가 옛날부터 있던 가게라 항상 동네 사람으로 가득한 가게들이 잔뜩 있습니다. 목욕탕도 11곳이나 있고 칠복신 순례라든가 이 주변에서만 즐길 수 있는 장소가 많이 있습니다. 직접 지도를 만들어서 여러 가지 장소를 실었으니 꼭 확인해 보세요.

앞으로 게스트하우스를 어떻게 꾸려나가고 싶은가요?

ㄴ 요즘은 큰 게스트하우스도 생기고 더욱 싸게 묵을 수 있는 곳도 늘고 있지만, 역시 꿈을 갖고 시작한 사람들의 게스트하우스에 사람이 모인다고 생각해서 앞으로도 주인의 얼굴을 자주 볼 수 있는 곳으로 만들고 싶습니다.

복도는 검은색을 기반으로 한 차분한 분위기. 규칙적으로 진열된 개인실에 빛을 밝히면 외부에서는 길을 다닐 때 갖고 다니는 등(행등)처럼 보이는 것이 숙소 이름의 유래이다.

1 목욕탕 탈의실에는 독특한 그림으로 표현된 주의사항이. 타일 아트 작업을 해준 미 이시이 씨의 작품이다.   **2** 아침밥은 티켓제. 토스트 세트와 현미 주먹밥 세트 등 일본식과 서양식 메뉴가 준비되어 있다.   **3** 손 그림으로 만든 오리지널 지도에는 관광 장소는 물론 추천 음식점 등 주변 정보가 빼곡히 담겨 있다. 방문하면 꼭 한 장 챙기자.

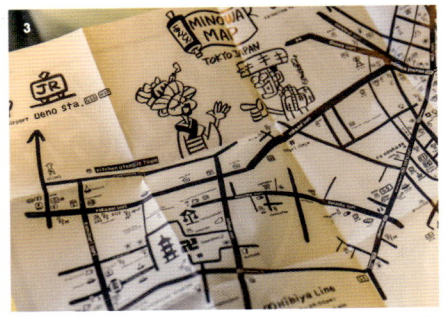

욕조는 예약제로 빌리는 자쿠지. 아티스트 미 이시이 씨가 아들 밤에 걸쳐 그린 아리타야키의 타일 그림이 멋지다. 창을 열면 노천 목욕 느낌이다.

조식 추천 메뉴는 숙성시킨 현미를 사용한 현미 팥 주먹밥 조식 세트(700엔). 일본적인 아침밥을 보여주고 싶은 마음을 표현한 메뉴이다.

데이터

行燈旅館

http://www.andon.co.jp/
2-34-10 Nihonzutsumi, Taito-ku, Tokyo, 111-0021, JAPAN
TEL: 03-3873-8611

국적 비율

유럽 40%
북미 10%
중남미 10%
오세아니아 10%
아시아 10%
일본 10%

요금

개인실: 싱글(1단) 6,020엔~
　　　　더블/ 트윈(1단) 7,400엔~

시설ㅇ서비스

라운지/ Wi-Fi / 공동 샤워(14:45~22:10)/ 샤워 편의용품/
시간외 가방 보관(2주일까지)/ 스키, 스노보드 보관/ 유타카 대여/ 냉장고/
전자레인지/ 포트/ 다리미/ 헤어드라이어/ 옷걸이/ 목욕 수건/ 칫솔/ 면도기 등

유료 서비스

조식/ 워크숍/ 자전거 대여/ 세탁기 등

지도

2015년 말에 오픈한 새로운 건물. 사이드 B의 공유 공간. 서가에는 주인이 모은 여러 분야의 책들이 꽂혀 있다.

디자인상을 받은 게스트하우스

KANGAROO HOTEL

캥거루 호텔

13

메이지부터 계속 간이 숙박 여관을 삼대째 경영하고 있어
가족 경영의 따뜻한 분위기가 기분 좋다

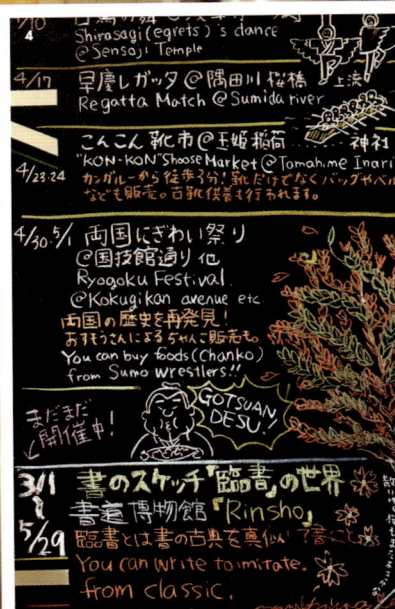

1 침대 4개가 있는 방은 이렇다. 도미토리와는 달리 제대로 사생활을 확보할 수 있어 친구들끼리는 물론 아이와 함께 묵어도 좋다.　**2** 24시간 이용할 수 있는 샤워룸 이외에도 오후 11시까지 사용할 수 있는 욕실도 준비되어 있어 여행의 피로를 말끔히 씻을 수 있다.　**3** 천장이 뻥 뚫린 신관의 계단 부분. 철근 콘크리트 전용 설계로 완성된 디자인. 모던한 분위기가 ㅅ티호텔 같다.　**4** 계절 이벤트도 손글씨로 알린다. 이런 사인보드 하나에도 따뜻함이 느껴진다. 왠지 그림을 잘 그리는 스태프가 많아서 이곳에 묵으면 창작 욕구를 자극 받는다.

¶ 메이지 시대부터 이어 오는 간이 숙박업소 삼대째로 자란 주인이 'KANGAROO HOTEL(캥거루 호텔)'을 연 것은 2009년이다. 어딘지 모르게 어두운 이미지였던 여관의 이미지를 불식하고 젊은이와 여성도 안심하고 묵을 수 있는 시설로 만들고 싶었다고 한다. 건축과 인테리어를 우선으로 한 건물로 기민한 건축가 구로자키 사토시 씨에게 의뢰하여 완전히 게스트하우스 전용으로 지었다. 외관과 벽은 물론 천장까지 콘크리트로 마감한 인더스트리얼한 공간은 고상하고 차분한 분위기이다. 상냥한 스태프가 그린 사인 보드와 주인이 고집해서 준비한 인테리어에 둘러싸여 보내는 시간이 쾌적하다.

오픈한 계기는 무엇입니까?

ㄴ **주인 고스게 씨** / 원래 집안이 간이 숙박업소를 운영해서 재건축 시점에서 '캥거루 호스텔'로 재단장 오픈했습니다. 계획 자체는 상당히 전부터 있었지만 실행하기까지 3년 가까이 걸렸습니다. 사실 야나카는 관광의 거점이기도 하고 비즈니스로 움직이기에도 아주 편리한 장소입니다. 이곳 주변에는 옛날부터 간이 숙박 여관이 많이 있지만, 어느 쪽이냐면 어두운 이미지의 여관이 많아서 외국 손님이나 여성은 이용하기 좀 어렵습니다. 그래서 좀 더 들어오기 쉽고 안심하고 묵을 수 있는 게스트하우스를 만들었습니다.

손님의 반응은 어떻습니까?

ㄴ 특히 외국 분들은 '쿨하다!'며 칭찬해 줍니다. 사실 '캥거루 호스텔' 건물은 2011년 굿 디자인상을 받아서 일부러 건물을 보러 오는 손님도 있습니다. 건축가 구로사키 씨의 여러 가지 아이디어가 넘쳐나는 장소가 많습니다. 서비스에 관해 말한다면 저희는 가족 경영으로 스태프가 모두 친절합니다. 전원이 손님을 잘 이해하고, 청소부터 프런트 업무까지 분업해서 똑같이 일합니다. 상냥한 대응을 마음에 새기고 있습니다.

게스트하우스를 경영하면서 즐거운 일은 무엇입니까?

ㄴ 역시 서비스에 대해서 '감사합니다'라는 말을 들을 때가 가장 기쁩니다. 물론 단골손님과 친해지는 것도 즐거운 일입니다. 그리고 직원들끼리 사이가 좋고 커뮤니케이션이 잘되는 것도 게스트하우스의 즐거운 분위기를 만드는데 중요합니다.

일본 손님에게 조언이 있습니까?

ㄴ 아직 저희 같은 숙박 시설이 많이 침투하지는 않아서 어쩔 수 없는 부분도 있지만, 비즈니스호텔과는 다른 점을 이해해주길 바랍니다. 샤워와 화장실을 공유하는 것에 놀라는 손님도 있습니다. 또 이것도 정말 자주 놀라는 것 중의 하나인데, 밤에는 프런트에 스태프가 없으므로 그 점을 특히 주의해 주세요.

앞으로 게스트하우스를 어떻게 꾸려나가고 싶은가요?

ㄴ 본심을 말하면 아직도 여러 가지 일로 손 쉴새 없이 바쁩니다. 조금 여유가 생기면 여러 가지 재미있는 일을 제안하고 싶습니다. 예를 들면 기모노를 준비해서 실제로 입어볼 수 있다든가, 일본 문화를 알려주는 교실에 장소를 제안한다거나…. 모처럼 찾아준 외국 손님들이 즐거운 시간을 보내길 바라니까요.

1 비정기로 발행(?)하는 캥거루 신문. 스태프가 직접 그린 부드러운 그림과는 반대로 내용은 직설적이라서 재미있다. **2** 본관 캥거루 호텔 맞은편에 있는 2015년 말에 완성된 사이드 B. 시크하고 차분한 분위기는 시티호텔에 가까운 이미지이다. **3** 3.6평의 공간을 독점할 수 있는 싱글룸. 더블룸으로 2인이 사용하는 경우에는 이 공간에 매트리스를 두 개 나란히 붙여 잘 수 있다.

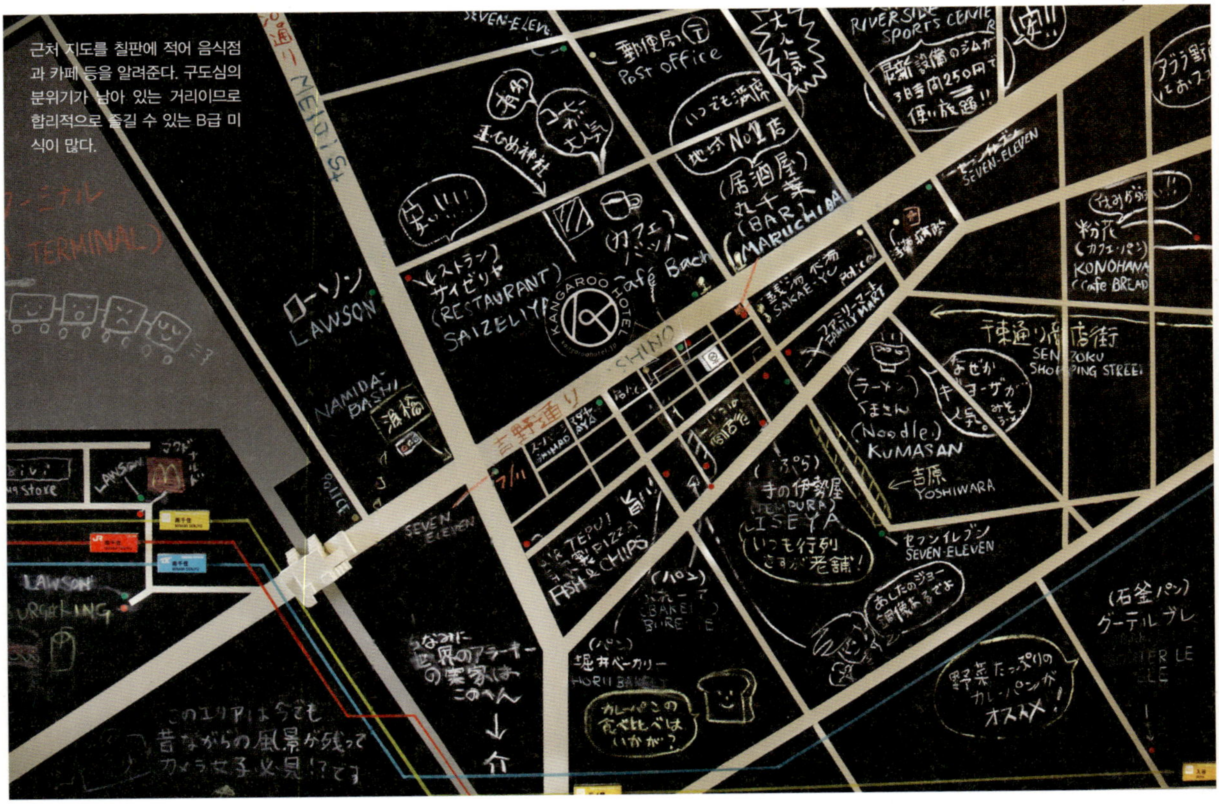

근처 지도를 칠판에 적어 음식점과 카페 등을 알려준다. 구도심의 분위기가 남아 있는 거리이므로 합리적으로 즐길 수 있는 B급 미식이 많다.

KANGAROO HOTEL
http://kangaroohotel.jp
1-21-11 Nihonzutsumi, Taito-ku, Tokyo, 103-0003, JAPAN
TEL: 03-3872-8573

KANGAROO HOTEL SIDE B
http://kangaroohotel.jp/index.html
1-22-2 Nihonzutsumi, Taito-ku, Tokyo, 103-0003, JAPAN
TEL: 03-3872-8572

국적 비율

유럽 10%
북미 5%
중남미 5%
오세아니아 5%
아시아 35%
일본 40%

요금

싱글: 1박 3,600엔
더블: 1박 5,500엔
4베드룸: 1박 10,000엔

시설ㅇ서비스

TV/ 냉장고/ Wi-Fi / 공동 샤워/ 공동 욕실/ 전기 주전자(공동) 등

유료 서비스

자전거 대여/ 목욕 수건 대여/ 칫솔/ 면도기 등

지도

숙소의 활기가 동네를 바꾸다
YOKOHAMA HOSTEL VILLAGE

요코하마 호스텔 빌리지

요코하마·고토부키초의 이미지를 바꾸기 위해 2005년에 오픈한
노포 게스트하우스로 옥상의 공중정원이 멋지다

14

벽 한쪽에 빼곡하게 붙어 있는 것은 방문했던 게스트의 사진이다. 색이 바란 것도 많아서 게스트하우스의 긴 역사를 느낄 수 있다.

1 리셉션이 있는 건물 맞은편에 서 있는 '린카이칸'의 옥상은 공중정원이라서 자유롭게 지낼 수 있다. 벤치에서 시간을 보내거나 잔디에 누워도 OK. **2** 옥상으로 올라가는 계단 통로에는 소파와 책이 놓여 있어 이곳도 쉴 수 있는 공간이다. 게다가 위에는 컴퓨터 작업용 카운터석도 있다. **3** 2인까지 묵을 수 있는 3평 방. 최소한의 넓이지만 냉장고에 텔레비전, 에어컨까지 갖추고 있다. **4** 우아한 타일 장식의 개수대가 인상적인 부엌은 가스레인지와 전자레인지가 준비되어 있다.

¶100개 이상의 간이 숙박업소가 늘어서 있는 요코하마·고토부키초. 일본에서 고령화로 골치 아픈 동네가 적지 않은데 이곳도 예외가 아니다. 그런 고토부키초에 '젊은이를 돌아오게 해서 동네 이미지를 바꾸고 싶다'는 동네 만들기 프로젝트의 일환으로 2005년에 오픈한 것이 'YOKOHAMA HOSTEL VILLAGE(요코하마 호스텔 빌리지)'이다. 단 이 콘셉트도 사실 표면 상뿐이라고 한다. 왜냐하면, 간이 숙박 시설의 1층을 도미토리와 개인실로 개축하고 중·장기 체재자용의 화장실·샤워룸을 완비한 개인실을 제공하거나···. 그렇게 동네 전체에 게스트하우스를 녹여 넣어 까다롭지 않게 자연스레 동네에 작용하도록 만든 것이다. 2017년에 오픈 12년째를 맞이했다. 새로운 사람들의 흐름이 조금씩이지만 확실하게 이 동네를 바꾸고 있다.

오픈한 계기는 무엇입니까?

ㄴ 대표 오카베 씨 / 고토부키초가 간이 숙소의 거리라는 것은 비교적 알려져 있다고 생각합니다만 실제로 방문해보면 구도심다운 친절한 면도 있습니다. 그런데 입소문만으로 나쁜 이미지가 퍼져 있다는 갭에 위화감을 느꼈습니다. 당시 빈집이 눈에 띄던 시기였기에 빈집을 사용해서 여행자를 오게 하는 흐름이 가능하다면 점점 동네 인상도 바뀌지 않을까 생각했습니다. 그래서 게스트하우스를 오픈했습니다.

손님의 반응은 어떻습니까?

ㄴ 애초에는 아르바이트하면서 그럭저럭 운영하던 상태였지만 처음으로 홍콩에서 여성 손님이 오고, 그 후로 점점 사람이 늘었습니다. 지금까지는 손님의 4할은 외국 여행자로 일본인은 6할 정도입니다. 요코하마 스타디움 등 이벤트 회장이 되는 시설의 접근이 좋아서 라이브에 가기 위해 묵는 분도 많습니다. 가능한 스태프와 손님이 거리낌 없이 지내도록 아트 홈 같은 분위기를 만들려고 노력하고 있습니다. 이런 점 때문에 다시 찾아주는 손님이 생겨서 기쁩니다.

게스트하우스를 경영하면서 즐거운 일은 무엇입니까?

ㄴ 미대생이 이 동네에 관심이 생겨 함께 프로젝트를 했던 것, 손님으로 온 사람이 스태프가 된 일입니다. 여러 가지 일이 일어나는 것은 게스트하우스이기 때문이라고 생각합니다. 또 동네를 살리기 위해서 하는 일이 늘어나는 것도 기쁩니다.

일본 손님에게 조언이 있습니까?

ㄴ 만약 친구를 만들거나 네트워크를 만들고 싶다면 장기 투숙을 해야 합니다. 일본인은 아무래도 1~2일 숙박이 많지만 반대로 외국 손님은 장기 체재가 많습니다. 1주일, 2주일 단위로 묵으면 아무래도 손님들과 친해지기 쉽습니다.

가까운 곳의 추천 장소는 어디입니까?

ㄴ 가까운 중화 거리도 추천하지만, 노게(野毛)의 술집 거리도 매력적입니다. 개성적이고 맛있는 가게가 많아서 즐겁게 마실 수 있습니다.

앞으로 게스트하우스를 어떻게 꾸려나가고 싶은가요?

ㄴ 지역에서 고용 창출을 목적으로 동네 어른들에게 청소 아르바이트와 자원봉사를 부탁하고 있습니다. 그분들은 젊은이와의 교류가 신선한 것 같습니다. 이런 계기를 통해 교류가 더 늘어나면 좋겠습니다.

'린카이칸'의 5층은 개인실과 도미토리 층이다. 벽에 그림과 촛불 모양의 조명 등을 장식해서 독특한 분위기를 연출한다.

샤워는 공동. 보드에 이름을 써서 예약하는 시스템. 무료로 사용할 수 있고 비품도 갖추고 있다.

'린카이칸'과는 다른 건물에 있는 위클리 타입의 콤팩트한 방. 유닛 배스도 설치했다. 4박 이상부터 이용할 수 있다.

데이터

YOKOHAMA HOSTEL VILLAGE
http://www.yokohama.hostelvillage.com/
3-11-2 Matsukagecho, Naka-ku, Yokohama-shi, Kanagawa, 231-0025, JAPAN
TEL: 045-663-3696

국적 비율

유럽 10%
북미 10%
중남미 5%
오세아니아 5%
아시아 10%
일본 60%

요금

도미토리: 남녀 혼합 1인 1박 2,400엔~
개인실: 3,100엔(싱글)

시설 o 서비스

라운지/ 부엌/ Wi-Fi / 공동 샤워/ 샤워 편의용품/ 냉장고/ 전자레인지/
주전자/ 헤어드라이어/ 옷걸이/ 샌들 등

유료 서비스

시간외 가방 보관(숙박 다음날 이후)/ 자전거 대여/ 세탁기/
목욕 수건 대여/ 칫솔/ 면도기 등

울렁거리는 두근거림을 듬뿍 담은 숙소

HAKONE TENT

하코네 텐트

다양한 온천을 즐길 수 있는 하코네 유수의 온천지
간코에서 태어난 천연 온천이 딸린 게스트하우스
풍덩 빠지면 여행의 피로도 씻은 듯 날라 간다

15

엄선한 자연 천연 온천. 냉증과 신경통, 칼로 벤
상처 등에 효과가 좋다고 한다. 전세 이용이므
로 충분히 즐길 수 있다.

1 근처 가게들은 일찍 닫으므로 라운지&바는 밤이 되면 자연스레 사람들이 모인다. 다국적이며 자극적인 밤을 즐길 수 있다.
2 객실은 남녀별 도미토리 이외에도 1~3명까지 머무를 수 있는 개인실이 8개 있다. 순수 일본풍의 실내는 여관다운 정취가 느껴진다.

¶ 도쿄에서 가볍게 갈 수 있어 인기가 높은 하코네 지역. 여관과 호텔은 1박에 1만 엔 이상이 시세인데, 이곳은 1박에 3,500엔이며 원천 가케나가시의 온천이 딸려 있다. 느긋하게 온천을 즐긴 후에는 딸린 바에서 한 손에 술 한 잔을 들고 멋진 만남을 즐길 수 있다. 이렇게 아주 매력적인 게스트하우스가 바로 이곳 'HAKONE TENT(하코네 텐트)'이다. 증축에 증축을 한 옛 여관을 개축해 마치 미로 같은 건물은 지하 1층, 지상 2층이다. 오픈하기까지 약 반년이 걸렸다고 한다. 관광지답게 밤이 빠르므로 자정까지 하는 아늑한 분위기의 바 라운지는 모두의 아지트가 되어 여러 나라의 사람이 뒤섞이고, 매일 자극적인 밤이 벌어지고 있다. 가슴 뛰게 하는 것과 두근거리는 것을 찾는 여행자가 오늘도 이곳에 모인다.

오픈한 계기는 무엇입니까?

ㄴ **혼쿄 씨** / 옛날부터 여행을 좋아해서 외국에 자주 갔습니다. 그중에서 게스트하우스는 사람에 감동을 줄 수 있다고 느껴서 일본에서 게스트하우스를 하기로 결심했습니다. 다니던 회사를 그만두고, 가마쿠라의 게스트하우스에 살면서 일한 후 2014년 봄에 HAKONE TENT를 오픈했습니다. 하코네를 선택한 이유는 가마쿠라에서 일할 때의 경험 때문입니다. '앞으로 어디로 가?'라고 물으면 '하코네'라고 답하는 사람이 압도적으로 많았습니다. 그래서 그런 사람들이 묵을 수 있는 장소를 만들자는 마음에 하코네로 정했습니다.

손님의 반응은 어떻습니까?

ㄴ 거의 외국에서 온 손님이지만 온천과 바를 즐기러 오는 사람도 많습니다. 특히 아시아권의 손님은 관광하러 나가기보다 방이나 라운지에서 느긋하게 쉬고 싶다는 분이 비교적 많아서 그런 분에게 '안정감이 좋습니다'라고 들으면 기쁩니다.

게스트하우스를 경영하면서 즐거운 일은 무엇입니까?

ㄴ 매일 여러 나라의 사람이 찾아오고 스태프도 다국적이라서 여러 타입의 사람이 있고 어쨌든 매일 자극적입니다. 손님과 직원이 친구가 되거나, 그런 순간을 보는 것이 기쁩니다.

일본 손님에게 조언이 있습니까?

ㄴ 일본인 손님은 역시 온천에 꼭 들어가길 바랍니다. 보통 여관이라면 전세 욕탕에는 별도 요금이 붙지만, 저희는 24시간 언제든 무료이므로 사실은 상당히 저렴합니다.(웃음) 안에 탕이 2개 있는데 한쪽은 석조이고 한쪽은 히노키 욕조라 각각 다르므로 모두 들어갈 수도 있습니다! 또 대체로 좁은 여성 전용 도미토리가 넓으니 꼭 여자끼리 여행을 온다면 이용해 주세요.

가까운 곳의 추천 장소는 어디입니까?

ㄴ 이곳을 거점으로 여러 곳으로 갈 수 있습니다. 케이블카와 로프웨이로 아시노호에 가거나, 폴라 미술관과 조각의 숲 미술관 등 미술관 순례에도 딱 좋습니다.

앞으로 게스트하우스를 어떻게 꾸려나가고 싶은가요?

ㄴ 그야말로 배낭여행자 같은 손님도 있지만, 정장차림으로 오는 분도 뜻밖에 많습니다. 그런 손님은 일부러 쉬기 위해서 오는 경우가 많아서 좀 더 쾌적한 환경을 만들고 싶습니다. 또 라이브라든가 라운지에서 이벤트도 늘려서 활기찬 분위기로 운영하고 싶습니다!

1 카운터의 작은 칠판에는 'HOME MADE PIZZA'의 메뉴가. 마르게리타를 시작으로 4종류의 직접 만든 피자가 자랑이다.   **2** 안에는 온천. 탈의실은 동굴 안처럼 만들어서 재미있다.   **3** 이쪽이 마르게리타(900엔). 반죽부터 직접 만들어서 일품이다. 그 밖에도 4종의 치즈를 올린 콰트로포매기(900엔) 등 본격적인 피자를 준비.   **4** 훈제 연어와 아보카도 말이(500엔)도 인기 메뉴. 수제 양파 소스와 함께.

1 미로 모양의 숙소 안에는 하코네의 산들을 가깝게 느낄 수 있게 개방감이 발군인 옥상 테라스도 있다. 날씨가 좋은 밤에는 별도 볼 수 있다.   2 라운지에는 자유롭게 사용할 수 있는 컴퓨터도 있다. 책들은 여행 관련이 많고 사진집 등도 있고 분야는 갖가지이다.   3 여자 전용 도미토리는 다다미 10장 정도의 큰 방이다. 다다미에 이불이라서 좋다. 방 밖에는 안전 박스도 있다.

손님용 부엌도 있다. IH 히터와 냄비, 토스터, 게다가 접시와 조미료도 자유롭게 사용할 수 있어서 자취파에게 좋다.

기타와 피아노, 카혼 등 몇 가지 악기가 있어서 연주하는 사람, 노래 부르는 사람 등이 뒤섞여 세션이 시작된다.

나무를 랜덤으로 짜서 맞춘 카운터가 인상적인 리셉션. 조명을 잘 사용해서 따뜻한 분위기를 연출했다.

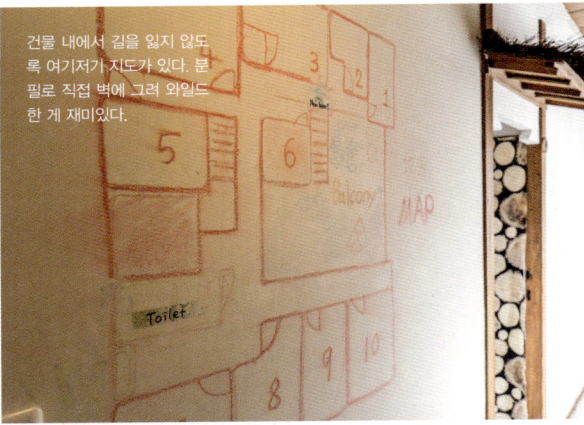

건물 내에서 길을 잃지 않도록 여기저기 지도가 있다. 분필로 직접 벽에 그려 와일드한 게 재미있다.

책장 한쪽은 손님들이 놓고 간 각국의 돈과 토산품을 장식한 공간이 되었다. 근처의 정보를 담은 정보지 등도 이곳에.

지도

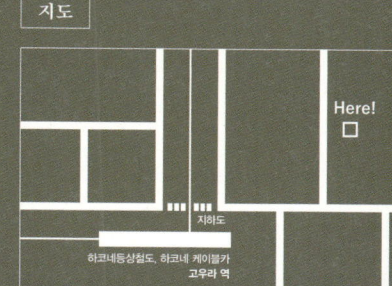

Here!

지하도

하코네등산철도, 하코네 케이블카
고우라 역

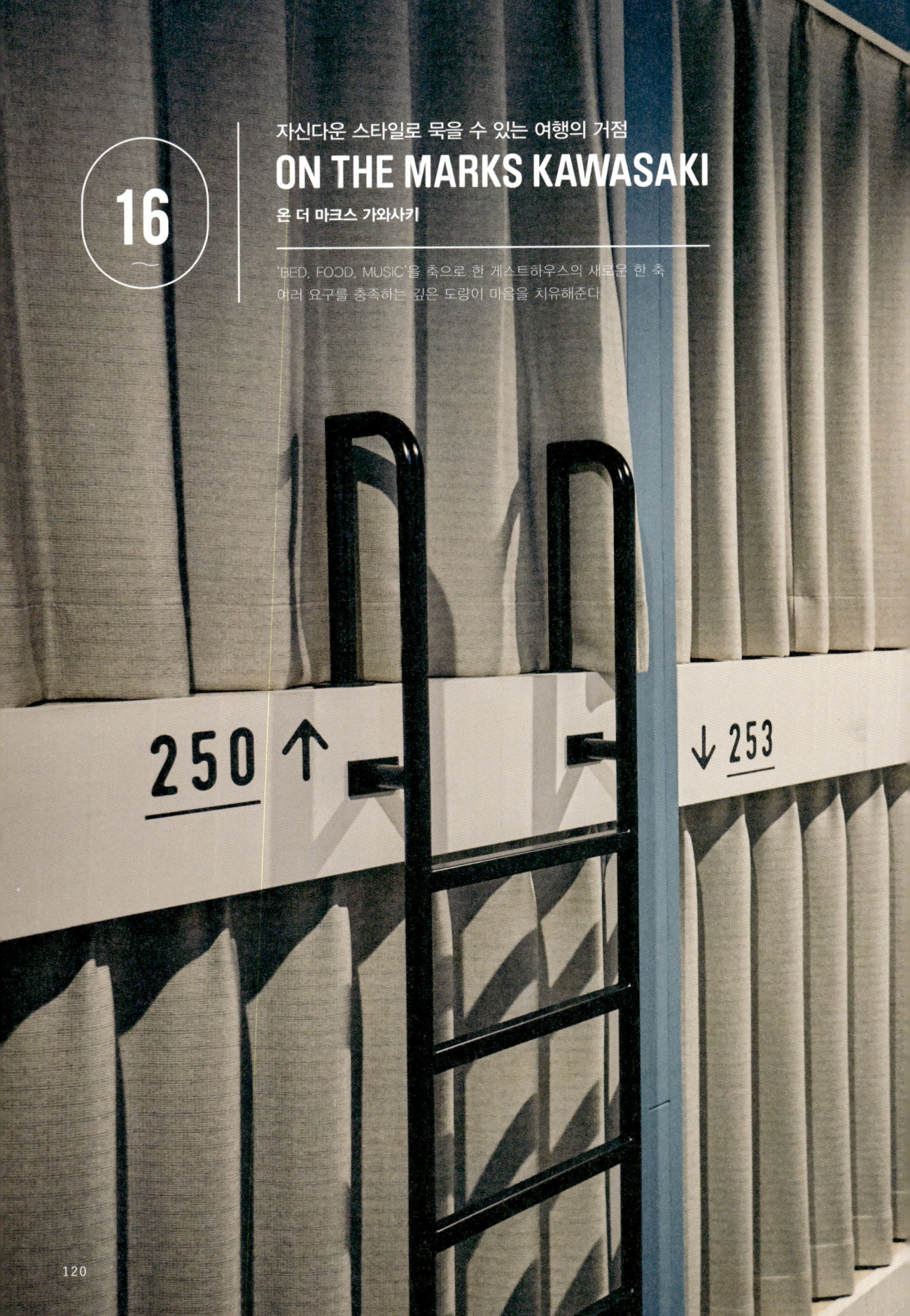

16

자신다운 스타일로 묵을 수 있는 여행의 거점

ON THE MARKS KAWASAKI

온 더 마크스 가와사키

'BED, FOOD, MUSIC'을 축으로 한 게스트하우스의 새로운 한 축
여러 요구를 충족하는 깊은 도량이 마음을 치유해준다

250 ↑   ↓ 253

세련된 디자인의 도미토리 2단 침대.
층마다 개수대가 있다. 여성 전용층
도 있다.

다이닝 공간의 카운터석은 혼자라도
즐겁게 식사를 즐길 수 있다. 묵지 않
아도 식사를 위해 오는 손님도 많다.

¶하네다 공항까지 전차로 15분, 시부야에도 20분이면 갈 수 있는 여행의 거점으로 적당한 동네인 가와사키. 'ON THE MARKS(온 더 마크스)'는 그런 가와사키에서 탄생한 227개 침상의 커다란 숙소이다. 가장 큰 특징은 여행 스타일에 맞춰 자유롭게 숙박 스타일을 선택할 수 있는 점이다. 합리적인 '2단 침대' 타입부터 사생활을 지킬 수 있는 개인실 타입의 '콤팩트룸', 비즈니스호텔 같은 설비를 갖춘 '스탠다드룸'의 3종류가 있다. 게다가 1층의 다이닝에서는 가와사키의 식문화 중 하나인 '고기'와 관련 있는 훈제 요리를 제공한다. 가와사키는 음악의 거리이기도 하므로 아날로그 레코드의 소리를 배경음악으로 깔았다. 'BED, FOOD, MUSIC'의 콘셉트로 폭넓은 요구에 응하고 있다.

오픈한 계기는 무엇입니까?

└ 스태프 다니가와 씨 / 최근에는 게스트하우스가 확대되고 있어서 하나의 거점으로 장기로 머무르는 것이 아니라 일본 각지를 다니면서 여행을 즐기는 스타일이 늘어나고 있습니다. 그런 여행자에게는 화려한 설비는 필요하지 않으므로 합리적인 숙소를 선택하고 관광에 돈을 씁니다. 'ON THE MARKS'는 그런 요구에 응하면서 가와사키다운 요소를 제공하여 이 동네의 매력을 체감할 수 있고, 쾌적하게 머물 수 있는 시설을 지향합니다. 여행의 거점으로써 마음에 드는 장소로써 지도에 표시(=마크)되고 싶다는 생각을 담았습니다.

손님의 반응은 어떻습니까?

└ 문을 연지 이제 반년 정도지만, 비즈니스로 오는 분부터 외국 여행자 등 손님은 다양합니다. 장소적으로는 도쿄와 요코하마에 관광하러 가기 쉬워서 여행에 익숙한 사람이 많은 인상입니다. 또 층마다 자물쇠가 있는 것, 여성 전용층을 만든 것도 호평 받았습니다.

게스트하우스를 경영하면서 즐거운 일은 무엇입니까?

└ 침상 227개는 전국적으로 봐도 커다란 게스트하우스입니다. 그래서 기계적이 아니라 적극적으로 손님과 교류하려고 애쓰고 있습니다. 몇 번이나 묵으러 오는 분들에게는 '최근 어떠세요?'라고 이야기를 겁니다. 이른바 '호텔'이 아닌 이곳의 매력이라고 생각합니다.

일본 손님에게 조언이 있습니까?

└ 하네다 공항에서 가까워서 이른 아침 출발과 반대로 심야에 도쿄로 돌아올 때에도 편리합니다. 아침 5시까지 체크인할 수 있어서 막차를 놓쳤을 때도 안심입니다. 또 2단 침대 층 전체를 빌릴 수 있는 여자 모임 플랜(20,000엔/ 1객실에 9명까지)도 추천합니다.

가까운 곳의 추천 장소는 어디입니까?

└ 바로 근처 오가와마치라는 지역에 바가 늘어서 있는 구역이 있어서 거기에서 마시고 걷는 것이 가와사키다운 재미입니다. 타이완에서 온 손도 많아서 그분들에게는 도삭면이 맛있는 가게 '챠~봉(チャ口ポン)'을 추천합니다.

앞으로 게스트하우스를 어떻게 꾸려나가고 싶은가요?

└ 지금까지 가와사키 역 앞에는 없었던 타입의 시설이므로 동네에 활기를 주는 기폭제가 되고 싶습니다. 야경이 아름다운 공장지대 등 다른 동네에는 없는 매력적인 장소가 잔뜩 있으므로 가와사키 자체를 꼭 한 번 즐겨주세요.

1 가와사키는 금속가공 공장이 많은 곳이라서 열쇠 하나에도 공을 들였다. 묵직한 동 키링이다.　2 프런트에서 체크인을 마치면 이 문에서 각 층으로. 스켈턴의 천장과 도로 표지판 같은 분위기의 안내판. 게다가 금색으로 배경을 칠해 빛나는 소나무 그림이 신기하게도 잘 어울린다.　3 방 안에 있는 전기와 연동된 슬롯. 현대적인 카드키가 아니라 열쇠를 이용하는 아날로그 감성에서 개보수한 시설이라는 것이 느껴진다.　4 건물 앞에는 자전거 보관대가 있다. 자전거 여행 중인 손님의 자전거.　5 2단 침대는 안락한 크기이다. 벽에 붙어 있는 선반에는 안전 박스가 있는데 노트북이 들어가는 크기로 설계되어 있다.

다이닝 안에 있는 프런트는 넓어서 마치 호텔 같다. 카운터 아래에는 아날로그 레코드가 진열되어 있다.

다이닝에서는 고기가 메인인 훈제요리를 제공(500엔~). 가와사키에서 만든 수제 맥주와 함께 즐길 수 있다.

입구를 들어오면 좌우로 넓게 펼쳐진 다이닝이 있다. 일반 이용도 가능하므로 동네 사람과 손님이 뒤섞여 재미있는 공간을 만든다.

스탠다드 타입의 방. 벽이나 시설에 그려져 있는 그림은 'TENGU WORKS'의 작품이다.

숙박자용 라운지는 지하가 메인으로 큰 소파가 늘어선 프런트 정면도 쉬기 좋은 곳이다. 배경음악도 좋다.

126

ON THE MARKS KAWASAKI
http://www.on-the-marks.jp/
17-1, Ogawacho, Kawasaki-ku, Kawasaki-shi, Kanagawa, 210-0023, JAPAN
TEL: 044-221-2250

지도

국적 비율

유럽 3%
북미 5%
아시아 7%
일본 84%
기타 1%

요금

도미토리: 남성 전용 1인 1박 3,500엔~
도미토리: 여성 전용 1인 1박 3,500엔~
콤팩트룸: 1인 1박 5,800엔~
스탠다드룸: 1인 1박 8,000엔~

시설 ○ 서비스

라운지/ 부엌/ Wi-Fi/ 공동 샤워(24시간)/ 샤워 편의용품/ 냉장고/ 전자레인지/
포트/ 헤어드라이어/ 옷걸이/ 슬리퍼/ 목욕 수건/ 잠옷/ 칫솔 등

유료 서비스

시간외 가방 보관(숙박 다음날 이후)/ 스킨케어 세트/ 세탁기, 건조기/
귀마개/ 칫솔/ 면도기 등

THE HIGHLIGHTED GUEST HOUSE OF JAPAN

전국의 주목해야 할 게스트하우스

도쿄 이외에도 눈을 돌려서 한 번쯤은 묵어 보고 싶은 전국의 게스트하우스를 소개합니다.
각각의 땅의 매력을 듬뿍 담은 매력적인 숙소를 엄선했습니다.

SHIZUOKA
시즈오카

guest house MARUYA

게스트하우스 마루야

［데이터］

주소 7-8, Ginzacho, Atami-shi, Shizuoka
전화 0557-82-0389
침상 수 30개
요금 3,600엔~(싱글)
가는 방법 도카이도선 아타미 역에서 도보로 15분

¶ '묵는다면 언제나 이타미지'라는 이미지의 숙소. 동네의 깊은 정보를 얻을 수 있고, 다치 사는 것처럼 지낼 수 있는 게스트하우스. 방은 캡슐 타입이 메인으로 친구끼리나 커플도 묵을 수 있는 트윈 캡슐이 있는 것이 특징이다. 라운지는 집처럼 느긋하게 쉴 수 있는 공간으로 '생활'을 느낄 수 있도록 꾸몄다.

캡슐 호텔 타입의 침대에는 놀랍게도 열쇠를 잠글 수 있게 되어 있다. 여성도 안심.

KYOTO
교토

KYOTO ART HOSTEL
kumagusuku
교토 아트 호스텔 구마구스쿠

데이터

주소 37-3, Mibubannachi,
Nakakyou-ku, Koyto
전화 075-432-8168
침상 수 8개
요금 7,000엔~(싱글)
가는 방법 한큐교토선 오오미야 역에서
도보로 5분

¶ 아트와 호스텔을 융합한 'kumagusuku'는 전시회 안에서 숙박하면서 미술을 체험할 수 있는 숙박형 아트 공간을 제안하는 게스트하우스이다. 현재 전시회는 연 1회 주기로 개최하며 그때마다 완전히 다른 공간으로 변모한다. 숙소에서 원래 요구되는 쾌적함과 편리함뿐만 아니라 마음을 흔드는 체험이 이곳에 있다.

도미토리 타입이 아니며 4개의 타입이 있다. 가장 큰 트윈룸은 1인 1박 8,500엔~.

OSAKA
오사카

HOSTEL
64 Osaka

호스텔 64 오사카

데이터

주소 3-11-20, Shinmachi, Nishi-ku, Osaka
전화 06-6556-6586
침상 수 24개
요금 3,500엔~(도미토리)
가는 방법 지하철 나가호리쓰루미료쿠치선, 센니치마에선 니시나가호리 역에서 도보로 3분

¶ 개성적이며 멋스러운 가게가 늘어나고 있는 오사카 시 니시 구 신마치에 있는 복고풍의 새로운 디자인 호스텔이다. 1964년에 세워진 사무실 건물을 건축 디자인 사무소가 개보수해서 직접 운영하고 있다. 복고풍이면서도 모던하고 일본다우면서도 서양풍. 복합형 인테리어로 꾸민 좋은 센스가 화제이다.

플레이 베드 분위기의 도미토리. 파티션으로 구획을 나누고 호텔 같은 침대를 놓았다.

HOKKAIDO
홋카이도

SOCIAL HOSTEL 365

소셜 호스텔 산로쿠고

데이터

주소 9-1010-16, Minamigojyonishi, Chuo-ku, Sapporo-shi, Hokkaido
전화 011-206-8569
침상 수 20개
요금 3,650엔~(도미토리)
가는 방법 지하철 미나미키타선 스스키노 역에서 도보로 10분

¶북일본 최대의 환락가, 스스키노까지 걸어서 갈 수 있는 '365.' 현지인에게는 매일 똑같은 하루라도 여행자에게 더할 나위 없이 소중한 하루를 잊을 수 없게 하자는 뜻으로 이름을 지었다. 지역 사람도 모이는 바 라운지에서는 음악 이벤트와 워크숍을 열고 여행자가 강사가 되어 동네 주민에게 이벤트를 여는 '트래블러 라운지'도 부정기로 실시 중이다.

도미토리 침대는 더블 사이즈 매트리스. 업계 최대 크기를 자랑하며 쾌적하다.

コステル
美野島

코스텔 미노시마

데이터

주소 2-27-14-1 Minoshima,
Hakata-ku, Fukuoka-shi, Fukuoka
전화 092-985-3270
침상 수 6개
요금 1실 7,500엔~, 1인 3,500엔~
가는 방법 JR카고시마본선 하카타 역에서
도보로 20분, 니시테쓰버스 햐쿠넨바시버스
정류장 다카사고 2쵸메에서 도보 3분

¶ 원조 하카타의 부엌이라고 불리는 인간미가 넘치는 미노시마 상점가. 그 안에 있는 '코스텔 미노시마'는 도미토리가 아니라 총 6개의 방에 욕실, 화장실, 발코니가 있는 형태이다. 비즈니스호텔 이상 리조트호텔 미만의 작은 게스트하우스이다. 상점가에서 산 식재료를 소박한 바에서 규슈 소주와 함께 맛보면 동네 사람 같은 기분이 든다.

녹색과 검은색의 기본으로 한 리조트 풍의 외관. 1층의 카페&바는 숙박객 이외에도 이용할 수 있다.

YAMAGUCHI
야마구치

萩 ゲストハウス ruco

하기 게스트하우스 ruco

데이터

주소 92, Garahimachi, Hagi-shi, Yamaguchi
전화 0838-21-7435
침상 수 15개
요금 2,800엔~(도미토리)
가는 방법 하기 버스 센터에서 도보로 1분

¶야마구치 현 아키 시는 소쿄토라고 불리는 성이 남아 있는 오래된 거리가 있다. 동네를 종횡무진으로 움직이는 수로가 흐르는 물의 도시이다. '흐름'과 '교차'를 반복하는 수로처럼 방문하는 사람과 하기 시의 일상을 연결하는 장소를 만들고 싶어서 '루코'라고 이름 붙였다고 한다. 하기의 매력을 모은 따뜻한 느낌의 카페&라운지에서는 부정기로 이벤트도 개최. 마을의 허브 기능을 하는 숙소이다.

음악 전문학교였던 건물을 동네 사람의 손을 빌려 개축. 2013년 10월에 오픈.

CHIBA
치바

里山カフェ &
ゲストハウス SOU

사토야마 카페&게스트하우스 sou

데이터

주소 269, Oyagi, Mutsuzawa-cho,
Chosei-gun, Chiba
전화 0475-47-4103
침상 수 8개
요금 4,800엔
가는 방법 JR소토보우선 가즈사이치노미야
역에서 택시로 15분(마중 가능)

¶ 도쿄에서 2시간 정도. 자연이 풍부한 지바 현 조세이 군 무쓰자와의 사토야마에 있는 1일 한 팀(8명까지) 한정의 게스트하우스. '자연 속에서 멍하니 한숨 돌리고 싶은 장소를'이라는 생각이 담긴 장소로 마치 별장에 놀러 온 느낌으로 사계절 내내 삼림의 풍경을 바라보면서 머리를 식힐 수 있다. 도시에서 피곤함을 느낄 때 꼭 한 번 방문하길 바라는 숙소이다.

앞에도 뒤에도 자연이 펼쳐져 있는 최고의 환경. 건물은 주인이 3년에 걸쳐서 지었다.

MIYAGI
미야기

LONG BEACH HOUSE
롱 비치 하우스

데이터

주소 47-1, Hamasonenoichi, Watanoha, Ishinomaki-shi, Miyagi
전화 0225-98-4714
침상 수 22개
요금 2,200엔~(도미토리)
가는 방법 JR이시마키선 와타노하 역에서 도보로 20분, 미야기코우쓰우로선 버스 이시마키여자상업고앞(石卷女子商業高校前) 하차 도보로 1분

¶ '쓰나미가 닥쳤던 장소를 사람이 넘치는 장소로 만들고 싶다.' 이곳 '롱 비치 하우스'는 음식, 숙박, 지역 교류를 할 수 있는 복합시설로 2015년 3월에 미야기 현 이시노마키 시에 오픈했다. 이시노마키의 식재료를 살린 스페인 요리 레스토랑과 숙박시설을 갖추고 일본에서 모인 사람들과 지역 사람의 만남과 정보 발신의 장을 제공한다.

2층 건물인 비치 하우스가 해변의 새로운 교류 장소가 되었다. 1층은 주차장 공간이다.

일본어 버전 스태프

EDITOR-IN-CHIEF	EDITORS	PHOTOGRAPHERS	DESIGNER
HIROAKI FUJII	TAKAYUKI HIBI	TAKUYA NEDA	SHINYA OKAMOTO
	RYO ISHII	TOMOHIKO TAGAWA	
	MARIA KAWASHIMA	YOSHIO KATAYAMA	
		TAKASHI KOBAYASHI	

TOKYO
GUEST HOUSE
도쿄 게스트 하우스

2017년 6월 15일 초판 1쇄 발행

지은이	후지이 히로아키 외 3인
옮긴이	문희언
펴낸이	문희언
펴낸곳	여름의숲
디자인	여만엽
등록	제2014-000014호(2014년 2월 4일)
주소	서울시 송파구 삼전로13길 47 207호
전화	02-412-0689
팩스	02-6021-2415
전자우편	summerforest.pub@gmail.com
ISBN	979-11-959964-2-1 13980
값	13,000원

이 도서의 국립중앙도서관 출판예정도서목록(CIP)은 서지정보유통지원시스템
홈페이지(http://seoji.nl.go.kr)와 국가자료공동목록시스템(http://www.nl.go.kr/
kolisnet)에서 이용하실 수 있습니다.
(CIP제어번호: CIP2017012113)